操控成交

行銷與影響力的賽局遊戲

不可錯過的
十大
交易策略！

樂律

鵬 —— 著

思維聯想、互惠互利、短缺優勢、強強聯盟……

從商場競爭到廣告文案

SUCCESSFUL DEALS

你以為成交只限於推銷嗎？
你想要擁有自己的「影響力」嗎？
不管做什麼都能用別人樂於接受的方式，
達成自己想要的結果？

洞察客戶的購買心理，
顛覆傳統行銷思維，
實現可持續型成交！

世界
500 強
職業經理人的
私藏手冊、行銷祕笈

目錄

前言

第一部分　成交與行銷和心理學的關係

第一章　成交與行銷……008

第二章　成交與心理學……023

第二部分　成交的十個法則

第三章　目標聚集法則……040

第四章　思維聯想法則……056

第五章　互惠互利法則……070

第六章　收集好感法則……082

第七章　展現實力法則……092

第八章　達成共識法則……104

第九章　權威認知法則……118

第十章　承諾與一致法則……131

第十一章　短缺優勢法則……147

第十二章　強強聯盟法則……166

目錄

第三部分 「成交十法」的應用

第十三章 語言讓成交變得更輕鬆⋯ 178

第十四章 文字讓成交變得更順利⋯ 201

後記

前言

許多人說成交的定義，是顧客接受推銷員的建議及其推銷勸導，並且立即購買推銷品的行動過程。我總覺得這個定義太狹隘了，當我們說成交時，不僅僅是推銷成功或被推銷成功，而且是「交易」雙方就某件事達成一致。

在人生中處處都有成交，比如：

你和孩子成交：寫完作業再玩；

你和家人成交：先買房再買車；

你和公司成交：用時間換薪水；

你和客戶成交：用產品換銷量；

……

成交的英文可以是OK或者YES；成交有基本原理和實踐方法；成交的關鍵字：行銷、影響、心理、傳播、領導、說服、吸引……要想成交，不簡單。

前言

這十年來，我一直在探索成交的「祕密」。大學畢業後，我從事過兼職司儀、醫藥代表、市場經理、培訓講師等不同領域的工作。這些工作看似相差甚遠，但核心目標是一致的，就是如何透過自己的能量影響他人，達成思想一致，然後成交。我從心理學、社會學的原理、方法入手，逐漸探索到邏輯思維、溝通互動、商務談判、公眾演講等領域成交的方法和意義。現在，我將實踐和心得，整理成了您手中的這本書。

這本書包含三個部分：

第一部分成交的原理，一個人行為的改變是有跡可循的，成交背後的原理來自於生物學、心理學、社會學的影響。這部分將介紹這些原理是什麼，又是如何見效的。

第二部分成交的方法，我透過影響力原理，結合各行業的實際情況，總結出「成交十法」，透過分析案例和通俗易懂的解讀，讓各行各業的從業者更容易領悟、接受和應用。

第三部分成交的應用，在溝通、演講、談判、寫作等不同的場景下，應該如何應用「成交十法」，幫助我們更加高效地完成任務，達成目標。

能否成交，最終還是依託於各位讀者的實踐，希望本書能為您帶來啟發和幫助！

第一部分　成交與行銷和心理學的關係

在人人想法都差不多的地方，沒人會想得太多。

第一章　成交與行銷

1. 成交：每天都生活在成交中

工作壓力越來越大，儘管已經不斷壓縮睡眠的時間，依然覺得身價的漲幅趕不上房價、菜價，甚至趕不上豬肉價。於是每天都在提醒自己，要努力啊；每天用首富的「小目標」激勵自己。無論在哪個平臺，只要是看到關於財富自由的文章統統收藏，飯局上最喜歡打聽最近有什麼賺錢的專案，在書店買了很多本關於財富的書籍。某天，因為對賺錢的短影音按讚數太高，導致影音平臺推送很多賺錢方法，不排除各種歪門邪道。你愣了愣抬起頭，茫然了，想起了一句話：「雖然聽過很多道理，卻依然過不好這一生。」於是我們把罪魁禍首歸結於一個字「錢」，然後就抱怨，錢為什麼那麼難賺，這個社會怎麼那麼浮躁。接著開始麻木，混混度日，直到某天又被媒體上實現財富自由的新聞驚醒，罵自己怎麼那麼浪費時間，於是要努力啊……什麼叫在六道中苦苦輪迴？這就是！錢，似乎被妖魔化了，世間所有快樂、痛苦、刺激、麻木、高尚、不道德等好像都是因為錢。真的如此嗎？直到我讀到尤瓦爾．哈拉瑞（**Yuval Noah Harari**）的《人類大歷史》中關於錢的描述，才重新思考有關「錢」的話題。

書裡寫道：「最早並沒有什麼金錢貨幣系統，原始人都是透過以物換物的方式交換物資，錢可能是某些稀有物品如貝殼、顏料、黑曜石等……錢的出現也不是什麼科技上的突破，而想法上的革新……錢是一種共通的交易媒介……金錢是有史以來最普遍也最有效的互信系統！」

錢只是信任的一種媒介，我信任你創造的價值，所以用錢來交換！某些情況下錢代表的，就是勞動的價值、人的價值。我們重視金錢並不是說「金錢至上」，相反我們知道，創造價值、延續基因、更大層面上的利於全人類，更重要。很多人不重視金錢，視金錢為糞土，他們常說「錢算什麼」，這樣說貌似很瀟灑。但如果你再深入地問他們一句「那什麼才重要呢」，答案通常比錢更加虛偽，例如：白由、地位……你認真想想，這些難道不是錢帶來的嗎？重視金錢，特別是重視賺錢的能力，一點兒都不丟臉。

所以如果你是因為想做成某張單子賺到錢，翻開了這本書，沒有什麼不好意思說的。透過成交我們可以賺錢，這是事實。成交意味著你的東西有人想要，這個東西不僅讓你的有錢賺，而且讓需要的人得到了價值，簡而言之就是達成一致。沒有成交意味著價值沒有得到展現（不是沒價值，而是沒有交換價值）。舉個例子你就明白了，山林景色再好，沒有路，就沒有人能欣賞到它的美。

有些人總是在渾渾噩噩地過每一天，卡在買車、買房、結婚、生子的環節上，然後義憤填膺地抱怨世界的不公平，抱怨別人沒有尊重自己的勞動成果（認真想是別人的錯嗎），抱怨聽過的道理都是成功學雞湯，抱怨大環境不好。

就想我曾經聽到過的一句話：「自己沒能力就說沒能力，怎麼你到哪兒，哪兒都大環境不好，你是個破壞大環境的人啊！」我覺得很有道理。

哪怕是「新冠」疫情肆虐的二〇二〇年，還是有人在賺錢。用一些極端案例掩飾自己能力不行，是懦夫的表現。

最後我想談的是，我們應該主動地去鍛鍊成交的技巧。既然成交是一種能力，就應該鍛鍊。查理．蒙格（Charles Thomas Munger）在商業上的成就有目共睹，他在《窮查理寶典》中寫道：

「我們都愛大量閱讀，聰明人都這樣，但這還不夠，你還應該有一種批判接受、合理應用的態度。大部分人看書都沒有抓住正確的重點，看完了又不會學以致用。」

知道成交的重要性和原理一點都不難，但是否有批判接受、合理應用的態度，卻很少有人注意到。這個世界上有兩種人，一種是成交者，一種是被成交者。無論你是哪種人，我們都應該從成交中，獲得各自的價值。

2. 「成交十法」：有方法才有出路

「全世界的成功學書籍，出了幾億種，歸根到底就是一句話：只要努力，就能成功。」

寫這本書的時候我也很擔心一不小心寫偏了，寫成了成功學，但是又一想，難道成交不是成功嗎？其實也是一定意義的成功，是工作上的進步，也是職業上的成長，最終走出自己的成功。但是如何獲得成交呢？

簡單地說，成交是雙方達成一致。但不同的人，影響達成一致的因素太多了，時間、地點、人物、歷史紀錄都會影響結果。生活經驗應該也能提示你，並不是每一次雙方都能達成一致，十拿九穩的情況並不常常發生。但透過鍛鍊成交的能力，在幾個關鍵人生節點上，哪怕能提高一點點的機率，也能帶來巨大受益。

所以，研究「成交」的主題，不僅僅是為了做成某張單子，而是探索成交的法則，這種法則是一個習慣、是一種狀態、是一個追求。我將成交的法則，總結成「成交十法」，分別是：目標聚集法則、思維聯想法則、互惠互利法則、收集好感法則、展現實力法則、達成共識法則、權威認知法則、承諾與一致法則、短缺優勢法則、強強聯盟法則。

你現在閱讀「成交十法」可能會比較困惑，可能這十種法則有些你已經實踐過了，例如「收集好感法則」的辦法：企業培訓銷售人員時，培訓師常常斬釘截鐵地說「銷售人員的頭號規則就是讓客戶喜歡你」、「銷售不是賣產品，而是賣自己」，這都是應用「收集好感法則」的方法提升銷售額，也就提升了成交行為的機率。有些方法你可能一知半解，例如「目標聚集法則」的方法，具體怎麼做，才能引導受眾的注意力，到我們想要達成的成交點上呢？這裡只是概覽一下，不用著急，後面章節我都會一一展開。

方法有了，使用方法的時機同樣重要，正所謂要「天和地利人和」，方能完成成交。

無論是何種場合，成交過程可以被簡化為三個階段，首先是建立關係，之後是溝通協商，最後是達成一致。每個階段使用「成交十法」側重點是不一樣的。因此我將應用方法總結為「成交金字塔」，用來指導在不同階段，我們應該選擇什麼樣的策略。如下圖所示：

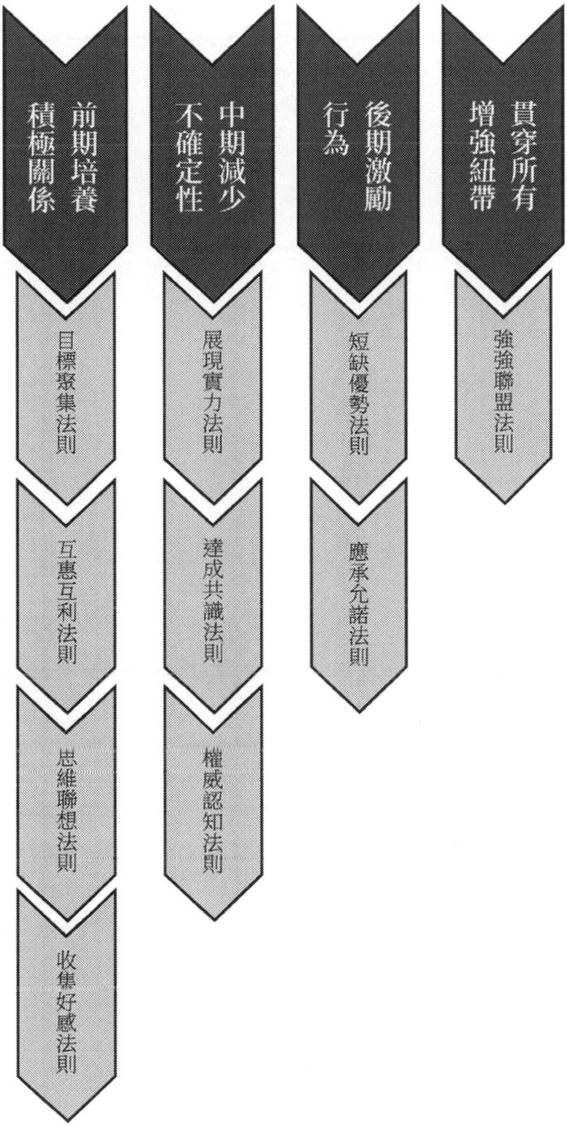

這樣，「成交十法」應用在什麼時候，什麼場合，一目了然了，類似開車時的導航系統，當你走丟的時候，請翻回到這頁，大概就能找到自己在哪個位置。

3. 廣告：遠距離的成交

我們的生活，每天都被無數的廣告所圍繞，這些廣告不斷試圖引誘我們去感受、行動、成交。店家們透過遠距離操控出現在我們面前的畫面，讓我們被影響。這些廣告有什麼成交的魔力呢？我的意思是：為什麼我們會買一些廣而告之的商品？為什麼我們會被廣告吸引，產生消費的念頭呢？

有一天我心血來潮，想計算了一下我每天會看到多少個廣告。出門前我預估了一下，應該有十個左右，嘟囔一句反正我沒錢消費，就當暢遊一下廣告海洋吧。

一開門就有驚喜，一張 TONY 髮型店開業的折扣廣告就塞在我家門的門把手上，我記得昨天在門把手上的是 HONEY 奶茶店開業酬賓的廣告。鄰居上週剛搬進來，我留意了一下今天給他們的廣告，是 HARD 防盜網公司，差異化廣告已經做到我們家門口了，不錯，再小的店家也需要洞察客戶需求。

剛進電梯，四面牆除了電梯開關門那面沒有廣告（現在連電梯門那面都有了，你猜是怎麼打的？），其他三面貼著廣告。往常我都是隨便瞄一眼，今天任務在身，我認真研究了一下。首先是這個看板似乎比剛開始大了幾倍，以前是二十吋大小的畫面，現在這個像五十吋的畫面，迎面而來，你不可能注意不到。其次，電梯廣告內容多半和生活相關，像我看到的這三個廣告就分別是蛋糕、超市、兒童用品。可能是我住的社區人均收入不高，上次去一個土豪朋友家，他們那兒電梯廣告主打移民、投資、冬蟲夏草。而我們這兒主打 599 元的蛋糕和 129 元的紙尿布。人比人氣死人，連廣告都歧視你，賺錢的壓力迫使我想盡快離開電梯。

我使勁按了幾下開門鍵，發現開門鍵被中華電信廣告包裹，關門鍵被台灣大哥大廣告包裹，只有警鈴鍵是原裝，但是警鈴鍵下面有一段話「家電維修，請撥打：09××-×××-×××」。

出了電梯門，掛在兩個電梯之間的電視廣告從後面發出聲音，熱情激動的少女正在裡面介紹某款新上市的面膜。

進入車庫，充電樁上滾動播放著最新的汽車服務，牆上貼著汽車改裝廣告，出口閘門上印著全新款電動汽車。

出門馬路電線桿上飄著「捷運沿線，精裝三房」的房地產廣告，暗示你賺了錢就往售樓部送，毗鄰捷運，你賺錢效率還能提高一些。

目光所及之處，全是廣告，我從家到社區門口，就已經看到十個廣告了。

從社區開車出來，我無心再數今天還會遇到多少個廣告，而是陷入沉思：住在這快三年了，我從來沒有注意過原來我身邊這麼多廣告。說實話，我一點也不反感這些廣告，甚至對廣告裡的美女還會多看幾眼。

但我問自己，廣告是否也能應用「成交十法」，讓效果更大化？

大部分的廣告成本很高，效率卻很低。這些廣告只是將資訊放在別人能看到的地方，而不管受眾是否能接受，或者是否容易接受。造成的後果就是，廣告資訊充斥在我們周邊，我們需要耗費更多精力去尋找真正想要的東西。而這又提高了廣告的成本，想要影響別人需要更高的代價。廣告商們日以繼夜地宣傳，但是做出來的宣傳只是讓人看了以後做了一次又一次的識字練習，極少的資訊能存留在意識中。這才是最奢侈的投入。這樣的廣告影響別人的效率極低，成交的效果也很差。

美國行銷界前輩約翰．沃納梅克（John Wanamaker）更早就發現這個問題，他說：「我花在廣告上的錢，有一半都浪費掉了，問題是，我不曉得是哪一半。」

好的廣告讓消費記憶深刻，有的是因為文案引人入勝，有的是因為圖片引人注目，有的是直擊人的欲望，有的是潛移默化的埋下了意識的種子。好的廣告常常成功地吸引我購買那些本來不需要的物品，店家在我大腦中存下了資訊，掏空了我的錢包。這麼說來，我真是不應該研究所謂的成交啊，一個成交研究者被別人成交了，是不是很丟臉。但轉念一想，人無法避免要和他人接觸，交換是這個世界運轉的基礎，而我們要做的是盡量讓這樣的交換順暢，「成交十法」在「廣告」領域同樣適用！

想說服別人投資、購買599元的蛋糕都是一件很難的事，但也不是完全沒有辦法。遵循影響力見效的原則，應用影響力達到提升成交的機率。除了機械的提升廣告出現的頻率，有更好的辦法能影響一個人。

前面講到因為電梯要開合，所以門的那面一直沒有廣告，現在有了投影的幫助，已經實現了在電梯裡四面都能出現廣告，當電梯門合上的時候，你會被廣告包圍，但是哪些廣告有效呢？

4. 行銷要得法：變換看世界的角度

自從我開始研究「成交」的影響因數後，看待世界的角度就不一樣了。

說來慚愧，我並非讀行銷出身，現在居然異想天開地想搶別人飯碗。但是我看到身邊大部分行銷人員懵懵懂懂，這裡翻翻古書，那裡借鑑一下，鼓搗出一系列匪夷所思的行銷文案，效果卻很差。過去的我就是這樣，說起廣告就是：LOGO一定要大！顏色醒目！重複重複再重複！所有我經手的文案都是這三板斧雜交的產物，可以說是個人設計標識很強烈了，但得到卻是大部分客戶一致的負評。我常常一邊摳鼻屎一邊攤在電腦桌下，嘟囔明明很醒目很美麗啊，怎麼研究都覺得自己設計得很優秀。

我所在的公司是一家大型醫藥公司，主營業務是中藥材及健康食品。公司生產的中藥三七銷量不佳，我們作為行銷部需要做一些宣傳的工作。

我苦思冥想，想到結合老人家燉雞湯加三七的習慣，作為藥膳來促進銷量。於是迅速調集三板斧，把三七、雞、公司 LOGO 堆砌在一起，做出一版廣告然後傳到市場。效果很好，那段時間我們公司售後反應，很多人打電話來問雞怎麼賣，走地雞、短腳雞……主管狠狠地批評了我一頓，三七沒賣出去，還毀壞了我們公司在大眾心目中的專業形象，成了國內第一家宣傳雞肉的醫藥公司。

痛定思痛，我開始反思，為什麼我做的廣告宣傳雞肉那麼成功，賣藥材就不行呢？肯定是有一些因素發揮了作用，究竟是什麼在影響人們的思維呢？

於是我開始研究影響成交的因素，前文我介紹到「成交十法」，就讓我們用這個方法來分析一下廣告。行銷人員需要善於觀察身邊的案例，有一次，我就觀察到了一個很好的廣告，是一個新品手機上市，主要投放在捷運及火車月臺等人流量密集的地方。

第一個被應用的就是「目標聚集法則」，代言人拿著新品手機的圖片出現的場合一般在捷運刷卡處或電梯上下行的地方，人們從一個場景切換到另外一個場景，常常需要一些環境線索來確認自己的安全，所以在這些地方的廣告率先捕獲了目光，讓人將注意力集中在這張圖上。其實不管放在哪裡的宣傳文案都有人會看，但是觀看者的焦點是不一樣的。另外，整個廣告只有一個人物，一句話，你很難再把注意力轉向其他地方，有點像我以前常說的「LOGO要大」，但這其實也是目標聚集法則在產生作用。

第二個發揮作用的是「思維聯想法則」，這幅圖滿足了人展開聯想的幾個基本點，簡單易懂、有想像空間。不管你是什麼文憑，一看這幅圖就知道在銷售什麼產品，因為整幅圖只有一個產品形象，而且透過代言明星的手勢已經將產品引導出來，你不會覺得他穿的皮衣叫做××手機對不對，這是正確的聯想引導，簡單、突出，容易理解。廣告畫面有充分的聯想空間，獨具設計感的文字，讓人聯想這款手機拿在手裡會更流行一些；其次整幅圖有大量留白，這暗合了人的心理，白色是空、是氣，是讓你的想像發揮的無窮天地。

第三個影響成交的原則是「權威認知法則」，聯想完後我開始認真看這個廣告，代言明星在中間，形象偉岸，一種崇拜油然而生，我知道我是受了權威的影響，這位明星是華語音樂天王、樂理專家，但是我不知道他對安卓、iOS、Java語言有沒有了解，很明顯設計者希望他在音樂上的權威地位也能輻射到手機行業來，這被稱為權威的轉移作用。設計者希望傳遞一種資訊：你看，音樂你比不過他吧，那他代言的手機也一定是行業最頂尖的，儘管這兩點並沒有直接關聯。

儘管我中了權威的招，但更加重要的是我一點都不反感，為什麼呢？因為第四個見效的原則叫「收集好感法則」。追星的人一般都是感性層面被觸動了，而不會因為這個明星會解三元一次方程式加一分、會操作超微顯微鏡加一分，達到十分我就喜歡他。大部分人都是說這首歌怎麼這麼好聽、這個人怎麼這麼帥、我好喜歡哦。所以這裡的邏輯是這樣的，你喜歡他的歌嗎？那你喜歡他嗎？那你會喜歡他手裡的手機嗎？感性的粉絲這三個答案都是YES。

我繼續往捷運裡走，發現這家廠商真是心機，以上的幾項原則用起來效果已經很好了，公司居然還不滿足，用到了第五個原則，就是「達成共識法則」。捷運裡不僅一個明星代言了該手機，還有一眾當紅明星也出鏡了，營造出一種娛樂圈半壁江山都在使用××手機的錯覺，這麼多權威、你喜歡的明星都在用，你有什麼理由不用呢？主畫面和宣傳文案都一樣，也產生了重複加強印象的效果。

最後回看一遍，這個手機的行銷轟炸還有一個影響因素就是「聯盟」，從代言明星的分布來看，有深受追星族喜愛的韓團，有陪伴我們成長的知名歌手，甚至還有一個在美劇中出鏡率較高的外國女星，可以說，每一個明星都有一個固定的受眾群，並且這個受眾群對於集體感的維護是很高的，他們會為了在集體內不被排斥而選擇這款手機，這就是「強強聯盟法則」發揮的力量。

在思考三班捷運以後，我很好奇這個專案的設計者是真的考慮了這麼多嗎？還是因為我想得太多？可能這個專案也是產品經理帶著刀站在設計後面說：LOGO給我搞得大大的！顏色搞得鮮豔點！廠商名字放右上角！在這麼一張幾乎沒什麼資訊的圖片裡，這些設計真的能提高購買率嗎？

我的理解是，成交是一個系統工程，可能不同的受眾對不同的觸點會有不同程度的反應，就像我們常說的「一千個人有一千個哈姆雷特」一樣。行銷就是最大化的組合這些影響因素，力求在同樣的範圍內提升影響別人的機率，注意，只是機率而已。這些手段並不是每一次都會見效，但一定會提升說服別人、影響別人的機率。

第二章　成交與心理學

精神分析學之父西格蒙德．佛洛伊德（Sigmund Freud）：「人心像座冰山，只有巨大冰山的一小部分露出水面漂浮著。」

1. 思維認同：大腦變形記

圍繞「成交」，我們談到了錢、價值、廣告，也提到「成交十法」。在我們使用這些法則之前，還有一件重要的事，那就是成交時，人的大腦發生了什麼？

我們真正認識自己，不過是現代腦科學的發展稍微有了些進展。但是大腦深處發生了什麼，現代科學還有很多未知的地方，甚至就連「我」這個定義，都還在疑惑。

你在做的，是你想做的嗎？

你所想的，多少是屬於你自己思考所得呢？

一位作家提到，我們所謂「我」的思維，常常會被影響：

「想法、思維和頭腦都在自己的腦袋裡，而且容易被聽到，所以我們很容易覺得，這是『我的想法』。在心理學上，這被稱為『向思維認同』，也就是把思維認同為『我』。但真相往往並非如此，你以為的『我』的想法，實際上常常是別人的聲音。」

作家也意識到了這個問題，所謂「我」的想法，並不是真正的「我」，這聽起來有點繞口，你可以理解為在一些事情上，你已經被「洗腦」了，大腦的想法是別人有意無意強加給你的。

關於這點，蘋果公司傳奇執行長賈伯斯，在一個著名演講中也曾提到：

「不要被信條所惑——盲從信條就是活在別人思考的結果裡。不要讓別人的意見淹沒了你內在的心聲。最重要的是，擁有跟隨內心和直覺的勇氣，你的內心和直覺多少已經知道你真正想稱為什麼樣的人了，任何其他事物都是次要的。」

「我」會被影響，看來是板上釘釘的事情了。社會學家透過研究動物行為、人類社會行為有了一些發現。成交背後，存在大量這樣的心理學原理，影響著「我」做出判斷，改變行為。至少有以下四個心理學原理，與成交相關，分別是：

☑ 追求因果：人希望每件事都能在過去找到合理的解釋，儘管世界是不確定的。
☑ 模式反應：人受刺激後，潛意識做出的某種規律、盲目、機械的行為模式。
☑ 定向思維：人長期刺激一反應後形成的思維定勢，再刺激後下意識做出的反應。
☑ 對比心理：人透過比較兩件事情再做出的判斷，通常會失真。

我暫且稱之為「心理四部曲」。以上原理你可能會感到陌生，但是有些心理反應正在你腦中發生。舉個例子，你通常如何判斷某件東西的價值？我問過很多人這個問題。有的說看品質、有的說看做工，家母用一個俗語回答了：「一分錢一分貨，價格高就等於東西好。」這就是一個典型的「定向思維」。但是價格高的商品一定等於品質好嗎？有用嗎？說到這你一定會心一笑，想想自己家的掃地機器人，花了很多錢，沒幾個月就頻繁罷工；還有一些花了大價錢，買來束之高閣的東西，價值一直沒有表現出來。不管我們喜不喜歡，定向思維就是這樣頑固地植根於我們腦中。

需要注意的是，「心理學四部曲」揭示了大腦運作的機制、規律，並沒有褒貶的含義。例如「模式反應」，大腦透過建立一些「套路」，如上車要繫安全帶、變道要打方向燈等模式，節省了思考的時間、精力和能量，我們離不開模式反應。但在成交時，如果只依靠大腦「自動駕駛」，則會讓我們容易犯錯，並且給了動機不良的人操縱空間。

2. 因果邏輯：追求的不同

工作後我時常問自己，人的行為是受什麼影響和支配的？

舉個例子，為什麼有些人信宗教、有些人信企業家、有些人信科學、有些人信錢？我指的是他們內心最真實的崇拜和信仰。我有一個朋友就是虔誠佛教徒，家裡貼滿了佛系用語：「多一事不如少一事」、「放下」，為了佛教的法會可以放下一切工作，這種信是信仰在內心深處。我時常會思索，為什麼他會有這樣的信仰？他是被什麼影響的呢？

前段時間，我和一個即將離職的朋友聊天，我們共事五年，我非常了解她的工作習慣，雷厲風行、有始有終、積極向上。但最近卻準備辭職，去開創自己的瑜伽事業，從跟她聊天中我發現，她對瑜伽的信仰也不是一兩天了，而是深入且持續的。我才發現我了解的只是工作時的她。而她的內心受另外一套系統的影響。

「被影響了」這件事，看似無所謂，但其實很重要。就比如我前面我提到的這兩位朋友，一個信佛，一個信瑜伽，很明顯，他們是受到了不同的影響，才會有不同的信仰，這直接影響了他們的生活、職業、習慣都有不同的選擇。

我們是被經歷塑造的產物，追求因果的心理，是因為我們的人生是單線前行的，沒有岔路無法回頭，所以此時此刻發生在你身上的事情，往回看，都能找到一個起點。

我環視了一圈我的書房，沒有一件東西是沒有起點就存在的，細想都能找到最初的那個起因，我打字習慣用電競鍵盤是受到某網站的影響；電腦螢幕是受到一個裝機YouTuber的影響；音響是某次聽了測評後衝動下買的……每一件東西，細細回想都有一個源頭。甚至，受到公司不加薪而房價物價猛漲倒逼我賺錢的影響，我才拿起了筆開始搞副業。

總之，從一開始，我們就會被各種外力所影響，而我們一旦被影響，思想、行為也會隨之改變，你說可不可怕？二〇一〇年諾蘭熱門的電影《全面啟動》就講述了這個故事：

「當你想改變一個人的行為，進入多層夢境，在夢中植入一個因，大腦就會自動完成果的部分。」

不安定的精神狀態和不可信的邏輯推理，一直是諾蘭電影中反覆出現的主題。一句話能改變一個人的思想和行為，追求因果的心理會直接影響我們的行動，這就是心理追求因果的作用！

話說回來，我信佛的朋友，他年輕的時候很苦，每次都是透過念佛才勉強撐過這些苦難，所以現在信佛已經變成了他思維的習慣，就像開車時必開導航一樣，信仰佛教就變成了他日常的導航。

而我那個準備辭職做瑜伽事業的朋友，拚命工作幾年後身體撐不住了，經常感覺精氣神不足，身體容易疲倦，但是卻在一次瑜伽課後，神奇地覺得恢復了活力，她從此就離不開瑜伽，從身體到心靈都開始信瑜伽。

佛說，一切事物均從因緣而生，有因必有果。這個世界上沒有無因有果、有因無果的事情，一切事物都不會單獨存在。這不一定是世界的真相，但卻是你人腦運作的真相。

3. 模式思維：大腦不聽使喚

有一天我正在看書，媽媽突然打電話讓我替她在網路上選購一套棉被：冬天快到了，晚上睡覺有點冷。我基本上沒考慮，拿起手機打開蝦皮，在裡面找到棉被然後下單。

我看了下這個月購買的產品，從延長線到電動牙刷，從泡麵到魷魚絲，從棉被到手機殼，全都是蝦皮網購的。我儼然已經成為了蝦皮購物的代言人。我還自我標榜不是一個容易受影響的人，標榜要研究挖掘「成交」的武器。結果我卻「被成交」得很徹底。

我承認，蝦皮是個出色的電子商務平臺，但更重要的是，我想知道為什麼自己毫不考慮其他的購物管道或者 **APP**？

人有一種「模式反應」，指的是人受刺激後，潛意識做出的某種規律、盲目、機械的行為模式。一方面，模式反應常常幫我們節省能量，自然地做出合理的判斷。我們每一天會收到很多外界的刺激，大腦沒有那麼多精力一一處理，只好交給模式反應來完成。例如：你從早上睜開眼後的一系列動作，大部分都是在模式反應的驅動下完成的，你會揉兩把眼、拿起手機看看時間，然後刷牙洗臉、隨機套上上班的服裝，只有極少數情況下，你會用理智來重新規劃這個早晨，例如你今天要搭飛機，或者要見一個重要的客戶，那多半你會認真看看鼻毛有沒有跑出來，鬍子刮得乾不乾淨。所以某種意義上，人類是離不開模式反應的。模式反應就像電腦開機運行的程式，預設好，自動執行，高效率。

但在某些情況下，模式反應卻會讓你陷入兩難的境地。特別是當你的理智清醒後，會後悔自己之前隨意做出的判斷。例如有的時候話自然地說出口已經傷了人，你才會暗自後悔不應這麼說，應該那麼說。可是下次當你被模式反應機器駕駛的時候，你還是會這麼說。有的時候我們下意識的就會做出一些事與願違的事，例如想當然覺得便宜沒好貨，想當然覺得漂亮女孩性格都高冷，想當然覺得報紙登的就是事實。

所以，非常有必要研究一下，在哪些情況下，我們特別容易開啟模式反應機器。根據我多年中計的經驗，歸納為三點：

第一種情況，是這種關聯已經持續了很久，而且此前的體驗也很良好。例如每天早上我都會伸手在鞋櫃上的框裡掏出鑰匙鎖上門，每天下班回家開門後也會自然的把鑰匙扔回框裡，這個習慣直到我安裝了指紋鎖，不需要帶鑰匙了，我才慢慢改變。

第二種情況是，行動後的良好體驗會鞏固模式反應的效果，例如當我第一次購買蝦皮的商品，當天下單隔天就到貨，這種體驗讓我好一段時間都沉浸在網購的快感中。又例如某些產品的高CP值，每次收到貨，我連包裝盒都捨不得扔，太美觀太精緻了，而且對比同類產品價格相當吸引人。這種良好體驗加深了我對該產品的依賴，形成了自然的模式反應，只要他們家賣的東西，我都不再思考。

第三種情況，就是模式反應一般只會影響那些我們認為不是很重要的事情，當然這裡不重要的事情個體差異很大。首富覺得買房買車都是輕而易舉的事，我就得輾轉反側幾個月才敢決定。我老婆覺得幾千塊錢的化妝品也是普普通通的啊，我媽去逛超市的時候就總在二十元茉莉花香味肥皂和二十五元梅花香味香皂前猶豫半天。

總歸來說，模式反應在大部分情況下替我們節省能量，但是很多時候我們又被模式反應捆綁。

4. 定向思維：原本就是這樣的

大家有沒有做過關於學測的夢？

我聽過不止一個人跟我描述，在重大決定前夜，會夢到回到高三、回到考場的場景。我自己也有類似的情況，離開學校多年，但每次拿到類似試卷的紙，例如填寫問卷調查什麼的，我都會手心冒汗、心情微微激動。在寫這章的時候，我意識到這是一種對考試畏懼的「定向思維」。所謂定向思維，是指人長期刺激—反應後形成的思維定勢，再刺激後下意識做出的反應。

但是從什麼時候開始，我會一見到試卷就緊張呢？

我們可能都忘了自己小時候是怎麼思考的，或者僅僅記得一些片段。小學三年級以前，我的大腦就像一團漿糊，大概沒有什麼定向思維。我可能會知道衣服溼了不舒服，過節日要去外婆家。但是絕對不會見到試卷就緊張，小孩是不理解試卷的含義的。（但小孩也有自己的思維定勢，比如去醫院聞到消毒水的味道，就知道要打針了，這也算定向思維的一種吧！）小時候，每件事情都是新鮮的，我們常常處於建立「定向思維」的好奇中。三年級以後，隨著大腦成熟和時間增加，「定向思維」開始逐步形成。例如那個時候我開始知道上學不寫作業和放學挨打是連在一起的，校門口小吃攤和媽媽錢包裡的錢連在一起的，考試答題做不好是和紅色叉叉有聯繫的。我開始去建立事情之間的連繫，來應對這個多變的世界。屬於我的「定向思維」的大樓開始逐漸建立起來。

現在回過頭來看，其實讀書這件事，是有規律有技巧的。成績優秀的同學很少會通宵做題、一絲不苟做筆記，當然瘋狂做題和認真做筆記的同學成績也是不錯的，我的意思只是說這裡沒有正相關性。成績拔尖的同學要麼是本身熱愛某學科、要麼是掌握了學習的技巧和規律。

例如：曾獲得市區數學競賽中學組一等獎的A同學，是我的同桌，我很好奇他每天上課都在玩遊戲，但數學成績還是很好。他對規律性的東西天然敏感，例如遊戲中升等和攻擊力的關係、買賣皮膚和時間的關係，怎麼說呢，這方面，他就像呼吸一樣自然地察覺到了規律，再加之適當的練習，我們抓耳猴腮的數學題目，他邊喝珍珠奶茶邊給出三種解答方式。這種從小就有的對規律的因果關係敏感的判斷，成就了他的數學、物理等與規則有關的學科。

又例如：國中開始就能供稿給當地文學期刊的才女黃某，中午看到環衛工人在路邊吃炒米粉，也能寫出「烈日炎炎下是誰在為這座城市降溫」這樣的文字。據她所描述，她大腦裡面的文字總是能自己跳出來組織成句子，她只是勤快點把它們都抓住，然後就能在滿分六十的作文考試中得到五十八分，扣兩分是因為錯別字和怕她驕傲。有一次家長會，我才知道他的父親經營著一家印刷工廠，她從小隨手就能找到印有文字的紙張。這種對文字的敏感度與熟悉度，讓她在寫作中信手拈來，成就了她的英語、國文等與表達有關的學科。

有些人就是比別人更快找到他們定向思維的啟動機制，這種模式反應就能讓他們在學習上遠遠優於旁人，再加上適當的努力，就成為了叱吒風雲的學霸，並且是那種「我也不知道為什麼就是比別人厲害的」的學霸。但出社會以後，事情常常是多種機制混合組成的，一項工作可能需要：專業、溝通、組織等能力。單獨學科的優勢很難發揮作用。可能就是這個原因，那些在學習時某門學科很突出的人面對這種綜合挑戰，反而與常人差距不大。

用學習來解釋「定向思維」，是為了方便大家理解，長期行動和思維定勢之間的關聯。除了學習以外，我們腦中存在大量「思維定勢」，都是後天逐漸形成的，與家庭情況、生長環境、遇人賢淑、個人成長都有關。正如傑克．霍吉（Jack Hodge）在《習慣的力量》（*The Power of Habit*）一書中寫道：

「思想決定行為，行為決定習慣，習慣決定性格，性格決定命運。」

短期看，定向思維似乎只是指導你做判斷時有些捷徑可走，長期來看，人的命運也受定向思維的影響。

現在我又坐在桌前，如同過去考試般，開始寫書，緊張的情緒不由自主的產生，這種在我體內已經強化過千萬遍的機制再次被啟動，但是我不再像考試一樣不知所措，因為「心理學四部曲」見效的定向思維的機制已經被我抓住，我告訴自己採用佛系寫書法，如果知識過去有緣相識，現在自然就能寫出，不用緊張。

5. 對比心理：生活冷暖自知

對比心理指的是，當兩個或以上選擇出現在你面前時，你對任意一個選項的判斷會失真。一個簡單的實驗能讓你感受「對比」心理：

在你面前依次放三桶水：一桶冷水、一桶常溫、一桶熱水，然後請你將一隻手放入冷水中，一隻手放進熱水中。過一會兒，再將兩隻手同時放進常溫水中。你會出現這樣的感覺：儘管兩隻手放入同一桶水，但之前放進冷水的手會感覺熱，而之前熱水的手會覺得冷。

這個實驗能生動地讓你體驗一把「對比失真」的感覺。心理學研究發現，對比原理不僅適用於溫度，還適用於對重量、氣味、膚感等其他感官知覺。店家們也發現了這個祕密，並在你沒有覺察的地方廣泛使用這個技巧。

使用對比差異時候，店家通常會給你兩個選項，並且讓你產生其中一個選項很傻的感覺。假如一杯500cc的咖啡賣五十元，1,000cc的咖啡賣六十元，你會選擇哪一個？大多數情況下我們會選擇1,000cc的，這很簡單，多500cc只多十元，很明顯是店家算錯數了，選擇小杯的顧客真傻！但真的如此嗎？

我問過星巴克工作的員工，他們雖然不知道為什麼總公司要把杯型設置為「中杯、大杯、超大杯」，但結果很明顯，大部分人都選擇了「超大杯」！在他們看來，小杯和大杯的存在，只是為了襯托「超大杯」更物超所值。這已經不是什麼祕密了。這些細節說明，消費者很容易受到對比心理的影響，被店家引導到他們想要的選擇上。

對比原則的威力不僅僅於此，除了感官知覺、價值判斷上你會受其影響，生活中你也常常不自覺進入「對比」的心理中。比如當你走進一個大型購物中心，你打算在這裡花多少錢呢？答案有可能是你剛走進這家購物中心看到的那間店給你的感覺。一般購物中心最顯眼的位置，會影響你對這家購物中心水準的判斷：是一家賣精品服飾店還是一個賣日用品、賣零食小吃的雜貨鋪；是一家裝潢豪華的米其林餐廳，還是一個人聲鼎沸的路邊攤。這都會讓你產生潛意識的對比，都會影響你是否願意在這裡消費、消費多少。例如：臺北東區某百貨的商品十分高檔，你需要付出許多代價才能擁有；但是如果你走進另一條步行街，你願意花的錢又不一樣。

不僅僅是購物中心的外表會影響你的判斷，當你在裡頭購買物品時，導購員也常常使用對比心理讓你多掏錢。比如你剛買完一套五千元的衣服，導購員告訴你，只要再加九十九元，你將獲得同品牌的襪子一雙，你會心動嗎？九十九元的襪子對比五千元簡直不值一提。但你回想一下，是不是也曾經在小攤小販處，爭論過五十元三雙還是五十元四雙的襪子。我的意思是，襪子之間的價值真有區別那麼大嗎？還是因為不同的情況，你對比的對象不一樣所導致的？

俗話說：蘿蔔白菜各有所愛，每個東西都有自身的價值。真相是如果對比來看，你不一定還能準確知道自己的最愛是什麼。對比原理往往隱藏得很深，不那麼容易察覺。

第二部分　成交的十個法則

思想的價值和思想的影響力是成正比的。

第三章　目標聚集法則

越突出的東西越重要，目標是將受眾的注意力提前轉移到說服目標上。

1. 聚焦：如何創造引爆點

在生活中，你應該會發現，焦點在哪，注意力就在哪。人群中我們會發現最高的那個人格外惹人注意；一群臺灣人裡面有個外國人，也會特備顯眼；所有小孩都在開心玩耍，哭的那個就特別突出。在泳池、在教室、在辦公室，我們都會發現那些與眾不同的人，那些身材姣好的女士、聰明智慧的好學生、英俊瀟灑的職場菁英，會特別引人注目。

心理學家很早就發現注意力對人心理的影響。二十世紀初，現代心理學巨匠威廉·詹姆斯（William James）解釋道：

「人的注意力分為兩種不同的形式，第一種是自主性注意力（voluntary attention），讓我們能把焦點放在嚴苛的任務上，比如駕駛和寫作。第二種形式是非自主性注意力（involuntary attention），主要來自於大自然，如森林、溪流、湖泊。它來的很輕鬆，不需要額外的精神努力。」

現在的問題是，第一種定向注意力太多了，因為焦點可以被創造，然後再透過刻意引導吸引人們的注意力！舉個例子，二〇一八年的世界盃大家應該記憶猶新。儘管我不關注足球，但是相關的消息實在太多。報紙、電視、串流媒體、自媒體全是關於梅西、C羅、內馬爾的新聞。其中不乏引人入勝的故事：冰島隊在那年首次衝進世界盃三十二強，據稱冰島動員百分之十的人民，到現場吶喊助威，你對最後的比分不感興趣嗎？媒體諳熟人們的心理、大眾的心態，他們知道如何能挑逗起大家的興致，讓他們去追蹤人性天然追求的事物，例如英雄、反轉、黑馬、內幕等資訊，給這些球隊、球星貼上對應的標籤，然後讓注意力集中在這個標籤之上，這就是媒體的任務。

現代社會實在讓人心力憔悴，隨時都在轉移我們的注意力，媒體拿著「長槍短炮」

一個勁地逼迫我們「快看這」、「快看那」。聚焦的本質，就是焦點可以被創造，注意力可以被引導。

當然，現在要創造焦點也不是那麼容易，一是因為人們的注意力都是有時限和容寬的，如果一件事情不具備成為熱點的條件，人們往往會忽略。二是事件也在不斷發展變化之中，沒有恆久不變的焦點。三是世界正在分化，要想找出一個大眾共同認可的焦點越來越難，未來世界就像是天上的星星一般，每一顆都代表一個觀點、流派，再也不會出現大一統的情況（寫下這句話的時候我聯想到大數據時代，人類會不會逐漸趨同、追求一樣的事物，如幸福、長壽等，所以還是打上一個問號）。總而言之，想要設計一個焦點，然後引導大家的注意力來關注，需要考慮的事情越來越多。

互聯網時代剛剛到來的時候，能在聊天室裡遠距離聊上幾句話，就足夠讓人們興奮了。二〇〇〇年代初的那幾年，互聯網世界真是新奇，網路閱讀、網路購物、網路社交，每一項都像是顛覆了千禧年的生活，而現在呢？一年換一個社群平臺已是稀鬆平常的事情。注意力在一直在流動，也帶動你思維的擴散。

現在我們常常會發現，有關新奇、神祕事情的探索欲前所未有的高漲，看看 IG、TikTok、YouTube 你就知道我在說什麼。焦點從一本書壓縮到一篇文章，又從一篇文章壓縮到一句話，現在一句話都無法吸引注意力了，你必須在三十秒的時間裡，把一本書要傳遞的內容全部說完，故事要有開頭高潮結尾，笑話要有爆點、配樂、反轉。人變得越來越浮躁，安靜下來看一篇文章都很難，完整聽完一首歌都會不耐煩，甚至要動腦子思考也不耐煩，所有的資訊最好是像泡麵一樣，一泡就可以吃下去。

不知道這樣的人類到底是進化了還是退化了，可能需要腦科學家對比一下互聯網發生之前和互聯網發生之後的大腦變化。可同時類比一下電剛被發明出來的時候，人們不再用晃悠悠的煤油燈、蠟燭，而是可以用上電燈泡，出行也不用騎馬，有了蒸汽機。那時候的人是不是也曾像我一樣懷疑，人類進化了？

總而言之，焦點和注意力相伴相成，娛樂至死的時代，如果不想被資訊淹沒，就創造一些焦點去淹沒別人吧。特別是在行銷領域，行銷部往往想在人們腦中植入一些內容，俗稱「洗腦」。那麼，以下方法能幫你更好地策劃出一個焦點：

☑ 焦點和想要推廣的資訊關聯度要更強、更直接、更露骨。

☑ 焦點的設計要符合五項原則：與受眾直接關聯、危險與安全、性與繁殖、價值與價錢、神祕。

☑ 焦點不要太過刻意和明顯。這個看似和第一條有悖，焦點和產品資訊相關度高能讓人產生聯想，但如果兩件事情本身關聯度不高，硬扯上關係就容易讓人反感。

就像世界盃期間，最好的廣告贊助商是那些與足球、健康、生活相關的產品或服務，二〇一八年世界盃期間還有一個令人匪夷所思的廣告，這個廣告一反常態，完全不蹭世界盃的熱點，就只能說這個公司還滿有錢，花多少錢效果怎麼樣沒關係。

2. 正向檢測：從科學走向科學

我們老家有一位傳奇人物，當地人叫他「魚大仙」，據說他能破獲天機，是上天安排在我們那個村的先知。我就想到這位大仙，是什麼力量能讓整個村上百號人前後幾代都紛紛受其影響？我十分好奇。

先說一說這位魚大仙，這個謎一樣的人物，他長年獨居，但村裡人都說自己是魚大仙的親戚，並且引以為傲，聽描述大多是什麼奶奶的弟弟的大兒子的親家這種遠房關係，也有些人聲稱自己出生的時候是請大仙取的名字，所以稱他為乾爹。

大仙的家門前對著村裡最大的白果樹，後來村裡徵地修路的時候還因為這棵白果樹歷史悠久，特意在路中間保留成一個環島的形狀。村民們又在傳，魚大仙的心其實和這棵白果樹緊緊連在一起，所以更加信服魚大仙。

關於白果樹的傳說，我就不展開了。我們好奇一下這個魚大仙，是怎麼做到不花一分錢宣傳，成為這麼一個先知。

近距離接觸魚大仙，發生在一次我奶奶病情加重期間。在醫院反覆治療以後，奶奶病情不見控制，精神卻逐漸萎靡，坐著看最愛的《星光大道》也能睡著。我爸想了想，四處託人希望見一見魚大仙，我作為司機，陪同我爸前往拜會。快到環島的時候，我悄悄跟我爸說，現在醫療這麼發達，要不我們去市區看看吧，這個不知道可不可靠。我爸說，拜訪一下，至少不留下遺憾嘛。

於是我們推開大仙家的院門，一股香煙從門縫中哧溜一下冒出來，穿過煙霧裊裊，魚大仙坐在院裡一條長板凳的一端，問：你們來啦？

從環境烘托、權威感塑造、大眾認同等多方面魚大仙都有可說之處，這些我留到之後再談。但是這次拜訪令我印象最深的，還是魚大仙對於我們家情況的了解。之間的具體對話不太記得了，或許也是受魚大仙影響我無意間忘卻了，但是交談中，魚大仙竟然道出了我們的所求、奶奶的狀況、我爸更深層次的需求！

坐下後，大仙用非常普通的言語與我爸交談著，他一開口就說我們來找他應該是家裡女性有情況，我爸連連點頭說我奶奶最近精神很不好，不知道是怎麼回事。大仙又說是不是也在醫院接受了治療，沒有什麼好轉。我爸詫異連這個情況他也知道，因為他除了跟我說過這次拜訪的主要目的，也沒有告訴中間人任何資訊。於是我爸全盤托出奶奶的病情，希望能得到大仙的幫忙。大仙點點頭，唸了一些咒語，之後給我一包紅紙包著的米，讓奶奶逢睡前就充點水喝下，就能好轉。

之後，更為神奇的是，大仙還意味深長地說我爸自願背負太多的壓力，是個孝子；他說我爸平常比較剛正不阿，特別容易陷入進退兩難的境地；甚至說這幾年我爸是不是改變了一些，希望能把家裡照顧得更加周全，不願意留下遺憾。我的天，全中，我作為第三者在旁聽，居然也在這期間認為魚大仙真的是先知。回家路上，我爸一直唸叨著大仙就是大仙啊，真靈真靈，下次一定要帶你奶奶也來見見他。我卻在思考，作為一個受過九年國民義務教育高等院校培養的知識分子，是什麼力量讓我也改變了看法。我發現自己對這個人的信任隨著他不斷說中而逐漸加強，就像圍棋一樣逐漸被他包圍，這個是他之所以能影響我的最主要原因。

為什麼會這樣呢？

我認真回想魚大仙的話，發現了一些端倪，魚大仙說的每一句話都有跡可循。例如他一開口就說我們家女性有困擾，這是自然的，因為我和我爸都上門拜訪他，最大可能就是家裡女性有困擾；其次了解了是諮詢奶奶的病情後，我相信他也能推斷出我父親是個孝子的這個結論；再加上我爸開始疑惑的語氣和後來堅定的語氣形成的對比，魚大仙只是客觀描述我父親容易陷入矛盾，但是又很正直的特點。這也說來，其實全程魚大仙就像一個嫻熟的心理醫生，客觀描述一些模稜兩可的話，又讓我們不斷接受正面回饋，這就是大家信服他的原因。

這種心理現象叫做正向檢測策略，人們總是傾向於在一大堆複雜的事項中尋找自己熟悉的那一類描述，來自我印證，以此確認自己的行為是正確的。魚大仙只需要廣泛的使用大機率的描述，例如我父親的孝心、剛正不阿的特點等，就能讓我爸自己腦補這是多麼確切的描述，自然而然，對大仙的信任也增加了。

好了，你以為我要講的是神祕主義？心理學概念？錯，我想講的還是有關如何提升影響力的方法。正向檢測策略在行銷的時候也經常使用。

例如：店家會使用模稜兩可的描述，讓受眾不由自主的陷入角色，執行正向檢測，逐漸加強對品牌的認可，例如「Just Do It」（NIKE）、「Think Different」（蘋果），我們無時無刻不在變化中，可是一旦某個瞬間的我們匹配上了店家的描述，就會產生化學反應，感覺這個商品就是為自己量身打造的。

正向檢測常常在算命、占卜的時候發揮作用，甚至反過來，正向檢測策略還會反過來塑造我們的性格，青春期的時候我特別迷戀星座，我爸出門翻黃曆我出門翻星譜，看看這個月天蠍的星象如何。星座的書裡面關於天蠍的介紹我更是背得滾瓜爛熟，為了更像書裡描述的那個我，我甚至逐漸改變了一些行為，例如書裡說天蠍座的人充滿神祕色彩、充滿魅力，於是我開始營造神祕色彩，常常不回答老師的問題；看電視學電影周潤發講話，聲音壓得低低的。你看，正向檢測不僅在事後發揮作用，甚至在事前，就在塑造著我們。

再說回村裡的先知魚大仙，他後來不知所蹤，有些人傳他雲遊四海去了，有些人說他妖言惑眾影響拆遷工作被抓起來了。他給我奶奶的那包米，早已喝完，奶奶現在還常說，就是那包米讓她精神矍鑠，壽比南山。

3. 焦點之外：背景和背影同樣重要

聚焦時，那些在焦點之外的資訊同樣重要。

奇怪，我們總是在說消費升級、觀念升級，有些廣告全憑搞怪作風引人注目，靠高頻率的投放就能產生影響？它真的做到了。在電視時代，類似的廣告還有中醫診所的「控八控控」，枇杷潤喉糖「天然ㄟ尚好」，果菜汁「餐餐老是在外，人人叫我老外」，汽水「維大力，義大利」，我知道這些廣告現在看來真是有點過時了，沒看過電視的人可能還不知道我說的是什麼。但也很可怕，這些誕生於十幾二十年前的廣告我居然到現在還記得。而且，我身邊好多人都記得。

轉念一想，這是不是我們大腦的原罪，只能記住那種淺顯、簡單的廣告。行銷人員精心準備的那些製備精良的廣告，效果卻好像總是不好。事實上網頁彈出式廣告走的就是這種路線，隨便點一下彈出來一個美女、一個大禮包，阿公阿嬤第一次打開電腦都知道這是什麼。

以前我總是以行銷人自居，對這種淺顯直白的廣告不屑一顧，直到我逐漸發現一些事實，第一個是一個就在類似這種彈出式廣告遊戲公司工作的朋友告訴我的，說他們老闆盈利相當誇張，可以說是一本萬利，投入小報酬大見效快。這類遊戲廣告高頻轟炸時，總是能吸引一些終日以網路為生的人注意，對於他們來說，充值就是信仰，遊戲主辦方甚至能做到一對一的服務，產生巨大利益。第二是有的時候會接到那種大陸口音的「中獎電話」，我一般都是直接掛掉，但是新聞裡總是出現什麼大學生被電話詐騙騙去學費的事件，所以我開始想，原來這種簡單的套路也是有人中招的呀。所以，簡單直白的廣告能發揮效果，因為它本身就是一個篩選簡單人的工具。

終於明白行銷學常說的一句話：世界上沒有不好的宣傳。我以前很懷疑那些看似效果不好、針對性不強的廣告能產生什麼作用，但是事實是，世界太大了，只要一個廣告被人看到，就一定會產生作用。如果一個簡單的廣告被反覆收到，就一定會有人能記下來。這就是廣告存在的理由。

那麼，這種廣告會有極端情況嗎？簡單、直白的廣告是不是總能發揮作用呢？我想不是的，有些公司曾經出現了大的品牌危機，這時候廣告再大言不慚強調正面，就會引起觀眾的反感。另外我發現，這種簡單的廣告最好越低調越好，不要有邏輯也不要出現引人注目的關鍵點，用一句詩形容就是最好做到「潤物細無聲」。既要潤，就是你傳遞的資訊是淺顯易懂的、高頻率的，還要注意無聲，因為一旦出現明顯的邏輯漏洞、前後不一致就會引起聽眾注意。

背景很重要，能影響產品的銷量，更重要的是，影響產品在顧客心中的認知。這才是我們需要深思的問題。

4. 心理暗示：你關心的才是頭條

前兩天我和愛人去逛商場，正好碰到一場「愛狗大比拼」的活動。遊戲規則很簡單，參賽選手帶著自己的愛犬，透過一系列考驗，最終獲勝者即可獲得狗糧一袋。

現場各種品種的狗，有梳著莫西干的比熊、有像一團棉花糖的薩摩、有精瘦的狼狗、有憨厚的柯基，雖然我沒有參賽，但也饒有興致的在場邊觀摩，我就是想看一下，哪種狗最乖，哪種狗在路上要繞著走。

很快我就發現了一個有趣的現象，有些狗狗在場外很聽話，叫坐就坐，叫跑就跑，但一進入比賽場地，就不太接受指令了，有的時候甚至會做出撲人的（訓練好的狗狗是嚴禁撲人的）動作。這是為什麼呢？受過良好訓練的狗，在不同場景下為何表現出不同的反應呢？

在「巴夫洛夫與狗」的反射實驗裡，我找到了一種解釋。大家都聽說過巴夫洛夫成功在狗身上建立的「鈴鐺與口水」的反射，但這個實驗還有另外一個版本，有的時候巴夫洛夫發現，如果實驗室裡面有陌生人，即使搖動鈴鐺，狗也不會分泌唾液。這個小小的改變影響了狗的條件反射。

正如比賽場上，那些表現良好的狗，在全程比賽中始終抬頭看著主人，狗能控制好自己的眼睛不東張西望，特別是在比賽中的「陌生人干擾」、「陌生狗糧干擾」的環節，都不為之所動。但有些狗就無法克制環境改變帶來的影響，表現出不聽指令、不受控制的反應。

你可能會覺得莫名其妙，這個和我們人有什麼關係呢？其實，在我們生活中也會出現，某些因素會干擾我們做出選擇。而這種受干擾做出的決策，又常常令人懊悔。

例如在旅遊時購買的紀念品，我們明明知道大部分旅遊商店銷售的都是量產的小商品，但禁不住「一生就來一次，一次只買一回」、「這是這個地方特產，上過電視的」的誘惑，心甘情願掏腰包。

我有一次慘痛的經歷，某次去一個佛教聖地，在一個山間小廟裡被主持以「天降奇石雕刻而成」、「只賣給有緣之人」的言語成功說服了，購買了一座十五萬元的隕石觀音像，當我捧著觀音坐在返程的飛機上時，不禁想，我是一個無宗教信仰者啊。

這時候，我跟狗有什麼區別呢？被環境逼迫轉變了心意，甚至轉變了信仰。掏出了當時的畢生積蓄（主持還說我們這兒可以刷卡），購買了一個我都不知道放哪裡好的石像。

當環境發生改變時，我們的注意力會被迫轉移，繼而做出事與願違的決定。這也是一種影響力見效的機制，無論是人是動物，都會因焦點轉移而改變心意。

我也有成功排除焦點干擾的光輝時刻。有一次，我和愛人前往某高級商場，準備選購結婚信物，進入商場前我們吃了個火鍋，大家知道，吃完火鍋整個人就像一個行走的火鍋，渾身都散發著火鍋底料的香味。頂著這陣香我們進了一家高檔首飾店，店員很明顯聞到了我們身上的火鍋味，鑽石知識講解和上一次來的時候講解的差不多，再加上吃火鍋的時候我就開始內急，到這家店又沒有洗手間，於是只好忍著尿意、散發著火鍋香，強顏微笑聽店長講解。

很快，店長就出現語無倫次、報價錯亂的現象。後來我總結了一下，這是我第一次感受到掌控了自己的意識。因為從頭到尾，我都只關注自己身上的火鍋味和陣陣尿意，對璀璨輝煌巧奪天工的鑽石一點反應都沒有。

人和動物一樣，在任何時候都會被注意力左右，如果你打算銷售高檔產品，最好在店裡能設置一個洗手間，讓顧客排除一切干擾後再開始你的解說；如果你想讓聽眾耐心聽你演講，開場前的「請關閉手機鈴聲」、「洗手間在會議室左側」的提醒一定是必要的；如果你想讓員工努力工作，最好不要用旅遊、美女的電腦牆紙……

你要知道，這些看起來不起眼的因素卻最會讓人心猿意馬。

如果你想成就一些事業，也要時時警覺自己要關心什麼內容，如果你發現大數據推送裡頻繁出現八卦、娛樂新聞，可能不是一個好兆頭。

為了警覺自己，我把觀音放在門口，日日出門前提醒自己，今天，你關心的是什麼呢？

第四章　思維聯想法則

與目標相關的語言和情景都能引發思維定勢，因此要創造一個與說服目標相一致的思維定勢。

1. 擴散性思考：給大腦偷個懶

「成交十法」第一法是目標聚焦，那麼第二法就是它的對立面，發散。聚焦和聯想就像一枚硬幣的兩面，常常同時出現，共同見效。

小時候我經常幻想自己是一個搖滾歌手，可能是因為從小比較寂寞，需要鎂光燈照射；也可能是因為每年我爸播放的歌曲的影響；也有可能是對學習鋼琴的厭惡和對電吉他的渴望。總而言之，我無數次在枕頭上幻想舞臺布是如何徐徐升起，燈光怎麼從四面八方彙聚到一點，我輕輕咳了一下嗓子，震動耳膜的音樂激起了無限的歡呼聲、吶喊聲……

後來，由於技藝不精，我從鍵盤手變成了給樂隊暖場的主持人，再後來陰差陽錯變成了一個市場推廣人員，奔走在大街小巷、廣場、咖啡廳開會，現在，我自詡為一個培訓師、演講者，靠口才、舞臺吃飯。無數個夜晚的幻想，塑造了今天的我。雖然我離搖滾歌手相差甚遠，但每當聚光燈打起，我走上舞臺，那種感覺是一樣的。這裡並不是想介紹一個失敗的搖滾歌手的成長經歷，而是想闡述想像、聯想、渴望對一個人的影響，簡單地講：「你的夢想是什麼?告訴我。」

大家都會有夢想，有些人從小就想開車，做賽車手體驗速度的激情；有些人渴望刺激，喜歡高空彈跳、看股票上下起落；有些人喜歡安靜，做一個書蟲、一個流水線上的工作；某作家的書裡有這麼一個人，這個人就是喜歡給別人搓澡，喜歡感受從髒到乾淨的那種成就感。夢想潛移默化地影響著每一個人，雖然大部分人說「我就是沒有實現自己的夢想」，但其實人的每一個無意識的選擇，都是夢想在操作著你的手。

這就是影響力發揮作用的第二大機制——聯想。

外部環境常常引起人的聯想機制，孟母三遷、貧門難出貴子等典故說的都是外部環境對我們的影響。例如少年時期外部的影響會影響孩子的性格和習慣，商人的孩子會算計不是基因問題，而是每一次陪著父親購物時，聽到這個玩具成本大概是多少錢，那個玩具打八折才比較實惠的薰陶下逐漸養成的；建築師的孩子立體思維比較好，也不是胎教做得好，而是父親總是用充滿空間的語言與孩子交流，這個地方大概層高四點五公尺，那座橋長度估計有兩公里，孩子自然而然就學會了立體幾何、空間思維。家庭環境非常重要，父母是孩子最重要的老師，習慣和性格養成離不開父母的言傳身教。

另外一個直觀的外部影響就是居住環境，為什麼臨水而居、面朝大海的房子要貴上很多？如果窗外是一覽無遺的美景，每天清晨陽光都撒在客廳的地板上，此情此景一想心情都會美美的，何況每天都能感受清晨的第一縷陽光。居住環境從外部會滲透到心靈深處，影響我們的心境。我書房的窗外是這邊少有的山景，美中不足是每天早上九點開始，山下的火車會定時呼嘯而過，當列車開動的時候，我總是容易恍神。寫這篇文章的時候我才意識到，我逐漸養成了每天九點前坐在窗前完成一天最重要工作的習慣，包括寫下這篇文章。九點之後就再也不會坐在窗前直至末班車開過。

外部環境歸根結柢最終影響的是我們內心的感受，有的影響我們注意到了，大部分影響我們往往會忽略，但不代表影響不存在，沒有潛移默化對我們產生作用。外部環境引起我們內心的變化是如水滴石、風拂柳般逐日改變的。

聯想會讓人產生改變，在行銷中應用的也十分廣泛，例如上面所提到房子，如果這個房子有外部的優勢如靠山、靠海、靠水，行銷廣告上一定會出現臨水而居、依山傍海、為「墅」不多等字眼，往往還會配上大海最美麗的時候的照片；如果房子地處繁華，廣告一般會出現車、都市、美女等引起你聯想到滾滾紅塵的圖片，配文都是高端商務、菁英人士等等。彷彿住在這樣的房子裡我們就能成功，就能步上人生巔峰。但往往現實是颱風來臨時在海邊的房子裡瑟瑟發抖，以及住在價格不菲的繁華路段每天精打細算的過日子。

行銷人士深知聯想就能讓人飄飄然，並且應用聯想的工具讓人忽略缺點、聚焦優勢，達到潤物細無聲的境界。之前我寫過一篇關於椰子的行銷案例，雖然客觀地說這個行銷部真有可能是櫃檯兼職的，但也不得不說他們真是熟知消費者心理，椰奶和豐滿的女性之間的聯想被他們應用得爐火純青。BMW 二手車的廣告也是應用聯想工具的高手，一個高挑性感的女性配上一句話「你真的介意它是二手的嗎」，這裡不談是否有對女性的不尊重，單從聯想的角度講，這個廣告給人的聯想真是讓人想入非非。從二手車購買者畫像來看，男性對這樣的廣告是沒有抵抗力的。

聯想發揮作用有時是長久而綿綿有力，有時又是短暫卻又衝擊感十足。聯想發揮到極致，廣告不管長短，都是十分有效。我認為白日夢是可以做的，這也是一種聯想，我們要正視這種聯想的力量，萬一成真了呢？

2. 聯想：看山不是山

什麼是背景？是不是畫面裡那些不重要的元素？是不是襯托紅花的綠葉？是不是站在某個人身後的人？還是我們那厚厚的學位證書？抑或商業圈的人脈關係？其實，這些都是背景，只是背景的力量在於有形還是無形。

有些背景產生的作用是無形中的，常常被我們忽視，可是它卻實實在在的影響著我們的思維。我住的地方很特別，陽臺和書房面對的是不同的景色，從陽臺望出去是車水馬龍的城市，汽笛長鳴、燈紅酒綠，而從書房望出去則是這座城市難得一見的山景，滿眼青翠。我習慣在書房寫文章，寫上一段看向窗外就是一陣發呆，導致我常年拖稿，而且在書房寫出來的文字，有一股天然的大自然氣息，感覺類似蔣勳的《少年台灣》、《孤獨六講》，特別適合寫那種溫暖虐心、回憶青春的文章。

後來有幾次我無意間在客廳寫文章，寫上一段看向窗外的高樓大廈蜿蜒馬路，工作奮鬥事業的詞彙就自動湧現，我也不知道是怎麼回事。知道這個祕密以後，當我要寫一些情感的文章，像三十歲的愛情朝向那邊的時候，我就在書房寫；如果是寫職場老鳥新成就三項必修，那我就把電腦搬到客廳。就像吃川菜蘸辣椒醬吃粵菜蘸糖醋醬一樣，眼前出現的景色和腦裡面思考的內容有一種神祕的連繫。可能你覺得不重要的景色，卻能影響你的心境、思維方式、思考重點，怪不得山景房、海景房那麼貴，窗外的景色和房子裡面確實緊緊相連，密不可分。

從行銷的角度講，我們也要充分考慮襯托產品的背景是什麼。如果一款理財產品配的是茫茫大海或秀麗風光，會不會給人一種太過愜意緊迫感不強的感覺，進而影響銷售；如果某服裝品牌主打休閒自然的服裝出現在電梯廣告裡，會不會讓人沒有心思去看廣告詞，因為腦子裡一堆的工作。背景資訊和我寫作時窗外的景色一樣，影響著我們的關注點。

當你看著窗外的時候，只要不是變態狂，並不會刻意留意窗外有什麼資訊，你不會追著一輛車的車牌，也不會看遠處的小鳥築巢，大腦在飛速旋轉著，視線只是毫無意識的在景色裡面遊蕩，這兩個體系看似毫無關聯，可是卻能相互影響。但是，如果背景裡面出現一件不尋常的事情，卻能馬上吸引你的注意力，例如你正在像我一樣構思著文章，窗外的馬路上兩輛車卻追尾了，這時你多半會起身看看冒煙的地方的情況。或者一棵大樹在勁風中被連根拔起，你肯定也會起身看看大樹的下場。我想說的是，有的時候背景也會變成主角，改變你的注意力和思維。只有那些一成不變、自然而然的背景，才能在人沒有留意的時候影響你的思維。一旦背景中出現了明顯的衝突，你的大腦就會調節到另外一個頻道。所以，產品行銷也要注意管理背景資訊，不能強詞奪理、越俎代庖。但有些廣告也不知道是為了顯擺錢多還是怎麼樣，特別是那種請明星代言的廣告，明星＋背景＋產品＋廣告詞，讓人眼神都不知道往哪裡放。

管理背景資訊是一個系統工程，從產品設計、宣傳、文案、代言、行銷策略都要考慮，每一步配上什麼樣的背景資訊。例如在設計一款主打純天然的綠色食品時，牛皮紙的粗糙觸感就遠優於塑膠的光滑現代感，可是如果設計的是一款全新高科技手機，採用塑膠、鋁製，甚至更加精緻的合金來做外包裝，就明顯能改善顧客拿到產品時第一印象，這些都是背景管理的範疇。例如文案的背景管理，號召捐款的文案運用暖色調的文字如愛、關懷、信任能產生較好的效果，號召參軍參戰的文案最好用冷色調的詞彙如堅強、果敢等，再結合堅定的句式如我們民族永不停止奮鬥等，效果會更加好。

行銷是為了最大化挖掘產品的商業價值，商業價值卻取決於人們心理對產品的認知，所以行銷與顧客心理密不可分。在探尋顧客的認知時，背景資訊同樣能發揮很好的作用。例如開展與產品相關的品鑑活動，高級茶葉的高端茶會品鑑會、高檔酒的品酒會、車展上的靚麗車模等等。雖然不是直接推銷產品，但是活動品質與產品品質彷彿搭上了橋梁，這些都是對產品的背景管理。為了加深顧客的心理認可，很多企業熱衷於問卷調查，顧客在這種引導下的單方面優質評價會加深對產品的認知，以及對優勢的認可。我們可以講「凡是影響必有背景」，直白的銷售產品會引起人們的方案，特別是當別人意識到為了獲得這個產品自己將要付出什麼時，產品的重要性就會降低。可是當你將產品放在一個顧客不會覺得背景環境裡時，顧客的牴觸情緒就會大大降低，進而給了產品一個登堂入室的機會。

背景很重要，能影響我的寫作，也能影響你的工作產出；能影響我窗外的景色，也能影響不同景色的房價；能影響產品的銷量，更能影響產品在顧客心中的認知。

3. 感官思維：螢火蟲的魅力

前幾年去嘉義阿里山旅遊，有一段經歷至今讓我印象深刻，可以說是幫我打開了另一扇世界的門。

阿里山夜晚的螢火蟲。單單看宣傳圖片我覺得沒什麼意思，不認真看還以為是印表機壞了出現圖像雜訊。只是入夜後的阿里山也沒有什麼其他活動，再加上剛剛戀愛，晚上看看螢火蟲應該是滿浪漫的體驗，於是我與愛人欣然前往。

車離開小鎮行駛一段時間後，停在一段沒有路燈的半山腰上，下車後一片漆黑，只有月光照耀在山間。我掏出手機準備照明，女朋友制止我說不要太亮了，就讓眼睛慢慢適應黑暗。於是我們就信步走在小道上，過了一會，原本漆黑一片的路邊逐漸泛起了點點微弱星光，綠瑩瑩忽閃忽滅的星光逐漸布滿了行走的小路，原來夜晚的無名草叢中還有那麼多的精靈。那是我第一次感覺到了自己的眼睛，就像有源源不斷的能量湧入我的雙眼一樣，那些微弱的光透過我的眼睛，告訴我他們的存在。

我用眼睛看了二十多年的世界，卻從來沒有意識到雙眼的存在。直到在一個普通的夜晚，感受到了視覺帶來的衝擊。我也強烈建議大家，有機會在夜裡看看浩瀚的銀河星空，看看凡間的螢火蟲，你就明白我所說的體驗不假。

人的體驗無外乎幾種，觸覺、視覺、聽覺、嗅覺、口感，還有一些第六感什麼的就暫且不談。當你認真接受一種通道的訊號，如認真地看某個場景、認真地聆聽某段音樂、認真地嗅花香的時候，這種純粹的感覺總是能讓你印象深刻。在我的回憶裡，那些動用了體驗的回憶更加色彩斑斕，每一個細節也更栩栩如生。我甚至設想，能不能策劃一些純粹的感官之旅，讓旅遊不再是簡單的走馬觀花，而是有主題的開發自己的感官。例如一場沙漠中星空的視覺之旅、一場海上海浪的聽覺之旅、一場大自然食材的味覺之旅等。

另外我發現，當你沉浸在一種通道的體驗時，其他通道常常會關閉。認真聽音樂的時候視覺似乎不那麼重要，認真看景色時味覺會淡化。請你回憶一下最近一次去星巴克，你在品嘗咖啡時店裡放著什麼音樂？能想起來的歌曲多半都是之前聽過的，旋律一響起你會說噢這是誰誰誰唱的歌，但是其他沒有聽過的旋律，在你品嘗美食、咖啡的同時，你很難記得。當某種體驗占據你的大腦時，其他通道的訊號就弱化了。

這也是為什麼我們常說要專心做一件事情，事實上你也無法在一個時刻保持多通道的體驗。一邊聽歌一邊做作業不是媽媽的嘮叨，而是你會毀壞歌曲的快樂和思辨的快樂。一邊開車一邊打電話不是因為你能力超強，只是運氣比較好大家都遵守交通規則。但是一邊開車一邊想問題卻往往有新的思路，我也不知道是什麼原理。

話說回來，當我們試圖說服別人時，如果能讓別人有一種難忘的體驗，說服就成功了一半。影響力發揮作用的機制多種多樣，特殊的體驗是一種無法被替代的力量，它留在體驗者的心中，就像種下一顆種子，只會逐漸長大，不會消失。

在市場行為中，也有很多運用單通道策略的廣告，有一次我去試駕帕拉梅拉轎跑，銷售商就故意把車窗緊閉，先是讓引擎轟鳴，點燃我的聽覺，然後伴隨著速度感推背感，成功調動起我的腎上腺素，這一刻，獨特的體驗和這一款鋼鐵機器連在一起，似乎賦予了它新的靈魂。有的時候在超市裡，店家會刻意煎煮一些牛排、雞排，讓大家看著聽著滋滋的美味在鍋裡翻滾，再親口品嘗一下這外酥裡嫩的美食，這明顯提升了你購買一袋速食雞排的欲望。

這樣的體驗數不勝數，特別是一些具有多通道感受的產品，最適合使用這種方法，給顧客留下深刻的印象。儘管到處都有螢火蟲，但是獨自在深山老林裡像原始人一樣感受到的光芒，和在宣傳單上看到的螢火蟲畫面，還是不一樣的，至少前者真的很浪漫。

4. 名字：不僅是一個人名那麼簡單

如果讓你猜我的理髮老師叫做什麼，很大機率你首先想到的是 TONY。不用調查應該也可以斷定：許多理髮店都有一位叫 TONY 的設計師。如果你的朋友叫做 TONY，你甚至會先入為主的判斷他的職業。一個名字就能讓人產生豐富的聯想，彷彿 TONY 老師正站在你身後，問鏡子裡的你想要一個什麼樣的髮型。

當然，這篇文章不討論理髮，我們繼續交流關於「聯想」對成交產生的作用。

亞當．奧爾特（**Adam Alter**）在《粉紅牢房效應》（***Drunk Tank Pink***）用了一個章節專門闡述名字對人的影響：

「名字遠比我們憑直覺想像得重要，從你的名字本身，人們就能大致推測出你的年齡、種族和經濟狀況。」

只聽到某個名字，就足夠讓你產生聯想，人的名字會呈現出甜美、力量、聰明等不同的意向，好的名字寓意往往能讓對方迅速關聯到某個朦朦朧朧的印象。如果很難想到好意向的名字，至少選擇流暢的名字，流暢的名字讓人感覺熟悉，而那些拗口的名字、生僻名字往往給人距離感。因此哪怕彼此沒有見過面，名字也能讓人有正面或負面的影響。

聰明的人已經注意到了這點，每一次名字被提起時，都會稍微影響你的運勢，積少成多，會累加在你的人生發展、職業道路、擇偶選擇，甚至下一代。因此，華人取名字常常請家裡的長輩做主，他們見多識廣，在這個重要的事情上，需要他們的智慧。

公司的名字同樣重要，特別是股票名字、公司名字，甚至股票代碼！股市風雲莫測，前些年一檔股票居然叫做「匹凸匹」，這樣一個兒戲式的名字後來被上交所勒令改名；喜劇演員沈某註冊了一家公司，叫做「××那可是家大影視文化有限公司」，公司剛註冊就被人挖出來調侃，當然這樣的名字產生的宣傳效果也是不錯的。

除了名字，數字也發揮了相同的作用，例如醫藥板塊的三九公司，他們公司的人推薦股票都是「三九公司的股票代碼就是000999」。這樣讓人產生的聯想，簡單、直接又有效。所以有人戲說，創業公司要思索的第一個重要的事情就是取一個好的名字。

有的時候，聯想發揮作用，甚至不需要具體的文字、數字等內容，只需要一個特定的符號。這裡的啟示是一個符號與某家公司的主營業務應該是匹配，不管是文化還是內涵上，都最好有一個合理的連繫。中華職棒偏愛動物，如統一獅、味全龍、兄弟象等，就像動物園一般，讓棒球與人的感覺自然而親近。

很多人以為使用晦澀的字眼能讓他們顯得高人一等，讓品牌似乎更有「格調」，但這往往會造成反效果，晦澀的文字讓接受者難以產生聯想。這個道理很簡單，人腦就是喜歡簡單的事物，當閱讀資訊的速度越快，大腦接受到的資訊越好理解，我們就能越快領悟背後的概念。消費者記不住你，他們可不會承認是因為自己認識的字太少或者記憶力不好！

第五章　互惠互利法則

人們感覺有義務償還別人給與的恩惠，就會知恩應圖報答，搶先送出有意義、出乎意料、量身定製的好意能收穫回饋，最後達到雙贏，這就是互惠互利法則。

1. 恩惠：送禮是一種原始衝動

前幾天，家裡沒米了於是我打算去逛逛超市，一進門滿目琳琅的商品，內心就想：現代社會真好。我漫步在一排排貨架中，準備採購一些白米回去。大家應該也有過這種經驗，超市裡每隔幾步就有一個小攤位，免費試吃烤香腸、煎排骨、牛奶飲料等食品。我邊往嘴裡塞香腸邊在想，為什麼這裡有那麼多免費試吃呢？如果吃過的人都不買，那店家不得虧死？從簡單的邏輯來講，這裡的商品免費試吃已經持續很久了，而店家還沒有倒閉，所以吃過的人大多數應該還是購買了。那麼問題就來了，是哪個天才想出來讓消費者免費試吃這種行銷方式呢？

在行銷公司的辦公室裡，應該有那麼一群人，透過翻行銷書、聽大師講、自己從別人那兒學，發現，如果我們舉辦一些免費試吃的活動，就能比不做活動的時候購買率提升十個百分點。所以應該每天都有人在攤位招呼「香噴噴的香腸喔，快來試吃」，但是究竟是什麼原因促使消費者購買呢？

這一種「贈品」策略，很多行銷場景裡都會出現。例如餐廳送的抵用券，逢年過節流行的互送特產，甚至我媽媽常去買菜的攤位每次送的香菜，還有老人常說的「捨不得孩子套不住狼」、「贈人玫瑰手有餘香」等。贈送禮物彷佛是一種跨越行業、越種族的習慣。當然也並不是每一個領域都會出現店家「免費贈送」的事情。例如殯葬業就不會說先送你一個骨灰盒你躺躺看舒不舒服再買；房地產商現在也沒有策略說這個房子我先免費給你睡一年，合適了你再給錢。贈品策略並不是每一次都能產生效果，所以，我們有必要了解一下，當這個禮品，或者說心意從發起方轉到接受方的時候，發生了什麼。我並沒有說是從店家轉到消費者，有的時候，爸爸為了晚上出去和朋友喝酒，也會提前準備一個小禮物給媽媽，可能是出於求生的欲望或者真的洞察了女性的心理。我想說的是，發起方和接受方不一定對應著店家和消費者。

比較簡單的是接受方這邊，大部分時候接受方並沒有提前準備接受額外的驚喜。如果你走在路上突然有人停下來跟你說，「你好！我想緣分到了，我想送你一部手機。」這個機率是比較小的（出現了記得報警）。所以當出現一個意外驚喜的時候，只要這個驚喜還沒有牽動你腦中的那根警惕的神經，人們通常會表現出一種驚訝、意外的情緒。伴隨著這種情緒而來的通常是要報答對方，對這個驚喜做出回饋。大部分時候，由於人的大腦的偷懶，我們只是簡單地執行接受一回饋的機制。所以行銷手段屢屢見效。

稍微複雜一點的是發起方這邊，或者通常來說抱有目的性的這方。不管是讓你免費品嘗的店家，還是一個初次謀面送你見面禮的人，或者是男女交往初期男方的慷慨贈送，都可以歸類在發起方。發起方的心理是：我已經知道給出一個情理之中的意外驚喜能激起對方的回饋機制，於是在對方不察覺的情況下，我要設計一個合情合理的意外，讓對方掉進我的「陷阱」，最終達成我的目的。發起方這邊通常是知道這個原理的，贈人玫瑰，不僅手有餘香，對方還會投桃報李。這種行為達到的效果可謂是互相恩惠。

雖然我寫得比較黑暗，大家也不必太緊張說以後再也不接受別人送的東西了。從發展心理學來看，這種機制其實是有利的，接受－回饋的約定形成於古代原始社會時期。一個原始人出去打獵，運氣很好滿載而歸，覺得自己也吃不完，於是他想著送一些給自己一直心儀的那個女猿人，那有一天當這個原始人沒有打著獵的時候，他回來還能吃女猿人因為上次的贈與回贈的小果子。這不就是愛情的萌芽嗎？

接受－回饋這個制度對於大家是有好處的，因為當你某天顆粒無收的時候，他會保障你不會餓死。如今，很多人會購買保險，會定期存款，也是基於這樣的考慮，這樣你知道就算某天自己不工作，自己所累積的技能、金錢也能維持目前的生活。如果沒有這樣的基因，原始人會在冬天餓死，而現代人則會在失去工作後失去生存必備的物質條件。因此，互惠是埋在人類血液中的原則。

所以，那一天，我扛了四根德國香腸、兩塊澳洲排骨、一袋白米回家了。

2. 人情：收到的不是禮品，而是罪惡感

杜月笙說，最難的就是人情。

華人可能是最會送禮和收禮的人了。還在讀書的時候，媽媽為了讓老師更加關照我，在家長會之後就會偷偷送給班導一個小禮品；工作第一年，我爸擔心我在公司不受主管待見，過年還特意買了臘腸準備送主管；初次見面的人也要習慣帶上一份伴手禮；我的業務夥伴們，每年都要準備上萬塊的禮品卡……我們是那麼會送禮，好像沒有什麼關係是送禮搞不定的。

前段時間，一個朋友快遞了一些海產給我嘗鮮，雖然很好吃，但我並沒有沉浸在美味中，而是思考怎麼回禮答謝他。這就平添了一個選禮品的煩惱。我想起蔣勳曾回憶到他小時候家裡的友人從大陸帶大閘蟹到臺灣，那時候經過層層關卡的大閘蟹顯得尤為珍貴。但他沒提是怎麼報答這個友人的。有的時候我們無法分辨哪些禮品不需要回禮，哪些需要回禮的。輕的禮品收了是累贅，重的禮品又可能犯法。不收讓人尷尬，收了自己矛盾，這真是成年後必修的一門課。

所以，有必要研究一下，送禮背後的原理到底是什麼。

大家都知道一個樸素的邏輯，原始人某天出去打了很多獵物，聰明的做法是分一些給別的獵手，因為要考慮到假如某天運氣不好，至少不會餓死。送禮這個行為逐漸被雕刻在我們的基因中。乃至衍生出了很多美德，例如慷慨、大方、贈人玫瑰手有餘香等。送東西給別人牽扯到很多的心理現象，如何選擇一個對方喜歡的禮品，什麼樣的禮品會產生更持久的效果等等。

我的經驗是，送禮的時候，如果這份情意沒有明確讓對方感受到價值或者意義，這個禮品多半會被誤解。例如：中秋節的月餅、逢年過節的年貨等。誰會留在家裡啊，就是禮品的年度走秀現場，從張三家出去逛一圈說不定最後又回到張三家了。

所以偷偷在禮品下面黏一個假裝忘記撕掉的價格條碼看上去很蠢，卻能直接讓對方知道這份禮品的價值。或者，用已經有公認價值的禮品，老張，送你兩斤黃金啊，在月餅盒裡裝著啊。價格直接和價值掛鉤，但還有更高級的贈送方式，就是送出意義。

例如：第一次看電影的票根，第一次出遊的合照，第一次夾中的娃娃，或者自己出的第一本讓老闆作序的書等等，賦予禮品一個獨特的意義，也能讓禮品更加出眾。現在的店家已經將「獨特的意義」做得爐火純青了，如刻字、列印上編碼等等。

送禮或多或少都有目的，沒有目的的送禮叫做慈善。我們給接受恩惠的人強加了一種負債感，讓他們感覺自己占了別人的便宜，一定要等額甚至超額的回贈對方，以此來維繫下一次自己還能收到恩惠，維繫這樣的恩惠體系能傳播下去。送禮常常有效，就是因為這個世界有良心的人還是很多，他們會報答幫助過自己的人。

雖然道理很簡單，但送禮和收禮，代表著某種社會的禮節。良好的互動是建立信任的基礎，我們不應該過於擔心欠別人人情，只要懂得有借有還就可以了。

其實，當年杜月笙不就是靠著人情攪動著上海灘的風雲嗎？

3. 送禮：禮輕人意重

我有一個同事A，從來不接受任何恩惠，工作中有需要他幫忙的地方，直接郵件、LINE把事情說清楚就好，該來的來，該介紹的介紹，就是不受任何恩惠。這樣性格的一個人，應該是全公司道德的楷模才是。可是慢慢的，他幫助過的人只會在有事情的時候找他，甚至認為理所當然應該由他解決。大家都逐漸遠離他，聚會的時候也不叫他，有好的福利也沒人通知他。每個公司都會有這樣的人，大家都叫他老好人。

相反，還有一個同事B，就以人脈關係廣出名，他總是麻煩別人，每天在群組裡「哪個小天使幫我解決一下這個……張三求求你幫我個忙……李四大哥這個沒有你搞不定啊」，大家都說這個人沒有什麼真本事，只會逢迎諂媚，可是人際關係好的也是他，晉升最快的也是他。我偷偷問他的祕訣是什麼，他說也沒有，就是每次麻煩別人之後都會送一個小禮品，就這麼簡單。

同事A和同事B生活和成長的環境不同，就形成了不同的處事方法。其實他們是因為本質不同，並不是透過讀完這篇文章就會恍然大悟說「哦原來我應該多買點東西送給別人」。而這樣的結果，主要是由互相恩惠建立的信任，繼而形成的人情關係網在後面起作用。所以送禮，究竟是一件好事還是壞事呢？

有人會說，我也不懂送禮，也沒有什麼機會收禮，其實不對，現代社會只要你還活在人群中，基本天天都會接觸到恩惠的情況。逛商場的時候每一個試吃香腸、試喝牛奶的攤位，影音網站動輒送你一個月的免費會員，汽車的試乘試駕，其實無形中，你接受了很多恩惠，這些恩惠在引起你做出回饋的時候，甚至沒有透過你的大腦，就直接下了命令。不信你看看你每個月手機的套餐，看看捆綁的五花八門的會員，看看每次去逛超市囤積的商品。如果不認真思考這個問題，可能我們永遠也不會發現，什麼原因讓我們成為了月光族、剁手黨。

對於店家來說，只要限定促銷的範圍和力度，幾乎總能收穫超乎尋常的報酬。促銷活動不是送禮活動，就連我們公司的OTC藥品都可以透過促銷提升銷量（不是必需品），這是一個百試不爽的招式。店家透過贈與免費試吃的樣品收穫你對於這個品牌的一次認知和切身關聯，這個作用是在高速公路旁樹一塊牌子比不了的。雖然促銷耗時耗力，可是認知就像釘釘子一樣，將那些猶豫不決、不明就裡的消費者緊緊鎖牢。

有一次我去澳門旅行，飯店一樓是賭場，我再三跟自己說，你是一個控制不住自己的人，千萬別去賭。甚至我都沒有換購澳幣，這樣就沒有辦法去換籌碼。可是這一切都在服務員說「我們為下榻本酒店的貴賓準備了免費的籌碼兌換券」後崩塌了，我無法將這張籌碼券沖進馬桶裡，至少在貪小便宜的人那兒，多了一個反正是贈送的，我去試一試運氣就好。儘管這一次你得到了回報，賭場感覺卻在你心中生了根。店家透過這種方式替你打開了謹慎的大門，勾起你貪婪的欲望。

對個人來說，送禮是一種建立信任、搭建人情網絡的有利方式，對店家來說，送禮是一種打開局面、促進銷售的高效行為。所謂禮多人不怪、拿人手短，這樣看來，我們也可以說是送禮促進了人這個種族的發展，畢竟不送禮，可能連女朋友都沒有。

4. 陷阱：小心購物的誘惑

十年了，如果十年前的十一月十一日的晚上我沒有打開電腦，今天，我應該已經住在自己的別墅裡。如果有一個人從過去來到現在應該會很奇怪，一個略帶嘲諷的日子居然被店家行銷成了購物狂歡，地球怎麼了？人類怎麼了？

多年前我還住在公司宿舍，那是五個人一起蝸居的套間，十一月十一日的凌晨三點，宿舍書房的門縫下透出點點白光，把準備夜尿的我嚇一跳，我躡手躡腳的打開房門，赫然發現宿舍裡最不講究、最不喜歡購物、最鋼鐵直男的老張，居然裹著棉被守在淘寶的主頁，睡眼惺忪地等待「深夜流星雨優惠券」。我的媽呀，「直男」都被淘寶「掰彎」了。

我另外一個女性朋友李小姐，平常縮衣緊食的，號稱從來不用自己家的水洗臉刷牙，都是來公司化妝的節約女王，雙十一過後的工作日，每隔十分鐘就要到樓下取快遞。雙十一在人性改造方面也是威力巨大。

所以，每年雙十一到來之際，我的心理就極度扭曲變態，一邊告誡自己買房大業未成，現在不宜奢侈糜爛；一邊心癢癢想登陸看今年雙十一有什麼驚天禮券錯過等一百年的優惠。好在我開始寫粉專，準備寫一系列關於購物心理的文章。我本著讓全線民受益、犧牲自己錢包的心願，給自己一個心安理得上網購物的理由，打開了購物網站。

第一個購物的誘惑是撿便宜的心態，很多人準備在雙十一購物就是因為被店家不斷洗腦：雙十一是全球店家自殺式行為現場，其實他們很抗拒，但是為了大家過上更美好的生活，所以在雙十一那一天齊齊降到內褲價，虧本甩賣。店主都倒在血泊中「這臺筆電再降兩百元吧不能讓大家失望」、「抵用券送到客戶手裡了嗎」，你好意思不把東西添加到購物車裡嗎？店家還會適時發送一些小禮品、小恩惠，讓消費者切身實地感受到購物平臺對大家美好生活的關懷。而消費者本著一買泯恩仇的心態，要撿盡店家的小便宜。所以互相恩惠讓雙十一有了共識基礎。

第二個購物的誘惑是稀缺在作怪，雙十一一年只有一天，錯過再等一年；商品特價僅限當天，錯過掐大腿；超值禮包僅限一日，不買媽媽不愛；全民搶購一百件特價商品，手慢砸電腦；從十二點開始每個整點限量紅包優惠券，不搶對不起祖宗。缺缺缺，你不買馬上就失去擁有它的機會；買買買，只有添加到購物車才能永久擁有。稀缺的誘惑讓我們失去判斷的能力，在極短的時間內，只能用最膚淺的思考做出決定，而一般大腦都會告訴你，不管是什麼，先占有更好。代價？那是之後才會考慮的事情。

第三個購物的誘惑是提前被「種草」，層出不窮的廣告和業配，日日轟炸我們的大腦，對看重情感的人用影片、廣播感化，對看重品質的人用代言、品質洗腦，對看重邏輯的人用文章、觀點同化，現代人喜歡什麼，不喜歡什麼，可能真的還不如以前包辦婚姻的年代。行銷的人都會告訴你跟著你的心走，可是你的心是跟著大腦，而大腦是被設計好的行銷文案所綁架的。雙十一只是給「拔草」找到一個合適的藉口，就像春天適合播種秋天要收穫一樣，雙十一就是一個你「拔草」店家收穫的季節，檢驗一年市場文案做得好不好，行銷夠不夠深入的日子。喜好原則看似很主觀，其實都能被設計。

行銷人將好的產品傳播到更廣泛的地方，是能力。可是將社會不需要的商品、人們沒有的需求透過行銷推廣出去，卻是道德的問題。如果能認清自己在下單時真實的需求，去除那些因為想要撿便宜的心態，因為稀缺而搶購的心態，那些被「種草」但細想全無一用的心態，我們可能會生活得更好，而店家也能思索人們真正的需求，這不是更好嗎？

第六章　收集好感法則

人們願意答應自己喜歡的人提出的要求，透過拉近關係和表達喜愛，讓對方喜歡自己。

1. 初始效應：有好感事好談

有時候我們遇到一些人，不知道為什麼，就是會產生好感，然後我們就願意聽他說話，願意和他討論問題，也更願意接受對方的推薦。行銷中人力資源是很重要的，特別是商場的推銷員，調查發現，顧客對推銷員的好感，在成交因素中占的比重比較大。

為了驗證這個結論，你可以嘗試下。比如：你去茶葉市場買茶葉，你會逐一和店員聊天，同樣品種的茶葉，你會選擇與給你最佳感受的推銷員成交。從心理學角度來講，當我們喜歡一個人的時候，我們就很容易受其影響。

可以肯定的是好感是一種能影響人行為的力量，那麼問題來了，如何讓人對我們產生好感呢？

第一，感覺很重要，也就是初始效應。那麼什麼是初始相應呢？第一印象又決定了什麼？

我們回想一下自己走進百貨公司裡的某一家服飾店，第一眼的感覺，衣服琳琅滿目，當銷售人員向你走來，我們先看到一個女銷售員的樣貌，接著是聲音，首先我們關注的是銷售的服飾，聞到了她的味道，察覺到她的行為舉止，這些感官接觸到的資訊彙集在大腦，你對這個人的第一印象就誕生了。

我不是美學專家，第一印象也不全部關於美學。樣貌會決定一部分舒適感，標緻的五官讓人產生愉悅感，符合對稱原則、黃金比例的五官，給人感覺更加自然，網路上據說有電腦模擬的黃金分割的臉，大家可以搜一搜感覺下。

聲音是第二個開關，聲音太高或者太低沉都會讓人產生不好的聯想，太快的語速也容易讓人感覺信心不足的感覺，太慢的語速往往性子也比較慢。接著是穿著，整齊端莊的服裝意味著對方比較注重外表，標新立異的搭配展現對方年輕或藝術的一面，讓你有種舒服的感覺。然後我們觀察到對方的行為舉止，走路、站立、坐臥的姿態，透露出一些生活的習慣，會表現出一個人的修養。第一印象可能一閃而過，會有一種這個人好像誰誰的模糊印象，或者這個人說話挺溫柔。之後，第一印象也可能變成一個判斷：這個人給我的感覺舒服嗎？

如果第一印象很舒服，這就是建立了好感的基礎。其實這種好感基礎是彼此的，銷售員也會對你有如此一個建立好感的過程。

與第一印象相關的，是相似的感覺。這裡所講的相似感覺，是直觀體會到的。例如外表的相似、語言的相似、行為舉止的相似等，例如：兩個人都是高顴骨，都會講客家話，都喜歡喝不加糖的咖啡，偏好辣菜、熱愛釣魚等等。人類往往自戀，在茫茫人海中找到那個和自己相似的人，很容易產生一種鏡像自己的好感。

相似的感覺可以透過著裝、行為、言談塑造，既然外表可以包裝，那麼相似性也是有策略的。例如穿西裝，就能讓職場中碰面的兩個人很快產生相似點。創造相似的感覺，後文我也會重點介紹。

最後一種產生好感的祕訣，叫做製造高下感覺。在相處的初期，人們是能比較敏感地分清兩人的高下狀態，這應該是出於保護自己的心態，相處中較強勢的我們稱為高位狀態，他貌似更有掌控權，安全更能得到保障，因此會感覺舒服，繼而也會對局勢產生好感，對相處對象產生好感。注意，這裡用的是貌似，其實在很多行銷場合，客戶在初期都是較為強勢的狀態，優秀的銷售人員可以透過語言行為引導，創造好感的同時，抹平高下差。優秀的銷售人員常用的一個技巧，也是一種很容易讓對方產生高位感覺的方法，就是讚美。讚美對方意味著承認自己某方面羨慕對方，也不如對方，這樣能讓對方放下心防，產生好感。另外還有一種方法就是，引導對方說出自己擅長的方式，透過這樣的引導，也能讓對方逐漸進入掌控的局面。但是你我知道，真正掌控局勢的，往往是看似弱小的一方。我們常說「扮豬吃老虎」，就是看似愚愚鈍鈍的人最後往往能啃下大case。

例如讚美、引導優勢這樣的技巧，能創造高下感覺，製造好感。因此製造好感是有跡可循，可以透過設計發揮影響力。以下我們簡析幾種能讓對方產生好感的技巧。

◆第一個技巧就是學會打扮自己

給人良好的第一印象就從打扮自己開始，男生勤理髮，保持面容的整潔；女生注意服裝的搭配，形成自己的風格。昂貴的服裝從面料上是能看出來的，也需要重點投資一下。從團隊上來說，統一的造型和服裝能遮掩部分成員身高不足、樣貌欠佳的缺點。

◆第二個技巧是學會尋找相似點

既然相似能帶來好感，拜訪客戶第一個目標，就應該是尋找與客戶足夠的相似點。我們很難判斷直接從客戶口中得到真實的好感度評價，但是相似度評價是有指標的。相同的家鄉、學校、經歷都是加分項。凡是能提高好感的相似點，都應該牢記，不斷提醒。我聽說過極端的例子，因為酒駕一起被刑事拘留，居然讓兩個人結下了深度的友誼。

◆第三個技巧是主動示弱

讚美是示弱的技巧，主動示弱，揭曉自己的缺點，或者透過自嘲的方式，讓對方全面了解自己，也是一種製造高下感覺的好方法。我們也要注意，高下感覺一旦確定，並不利於後期平等合作關係，只是前期製造好感的一個階段。

有了好感，一切事情就好談了。製造短期的好感，貌似很簡單。但是人們相處是一個長期的過程，如何讓好感的影響力持續呢？下文我們將提到IP的打造，也就是人設。

2. 目標效應：打造獨特的人設

每個人都是很獨特的個體，有自己的喜怒哀樂、優點和缺點。往往被人記住的，只有那屈指可數的特點，這些特點讓對方產生好感。但隨著時間的推移，記憶會退卻，好感度會逐漸下降，影響力也在會隨之消失。當你的客戶都想不起你時，除了指望他不刪除你的聯絡方式，你還能影響對方什麼呢？

我的答案來源於《德雲社》，郭德綱常說，相聲演員講究怪、壞、醜、帥，深入人心的相聲演員都得占一項。所以我們能看到郭德綱的弟子，隱隱也能看出他們的定位。沒辦法，演員是最怕被人遺忘的職業，他們的商業價值往往也是展現在流量大小上。打造獨特的人設，加強受眾的記憶點，是不得不選擇的方法。

打造獨特的人設，能讓複雜世界變簡單，簡單的東西才容易被記住，記住了才有好感的可能，才有長期影響力的基礎。

那麼如何打造獨特的人設呢？

◆**第一，是要去主動打造人設**

讀者讀到這，心想這不是廢話嗎？好多人沒有意識到，這裡的關鍵在「主動」二字。主動意味著自發地、有意識地、持續地向世界呈現自己。主動的人設，要求你從現在開始，學會總結自己的特點，嘗試給自己的特點貼上標籤。然後有計畫、有意識地，在特定的場合傳播自己的人設，鞏固自己的人設。主動打造人設的過程，其實也是在主動地篩選顧客。你所設置的人設，最終會讓特定的族群產生好感。

◆**第二，人設要簡單**

人不喜歡複雜的事物，接收到的資訊最好是至簡的。簡單的東西容易讓人記憶，簡單的東西往往帶給人們更多的享受。老子說過「大道至簡」。現代行銷中，不管是金字塔原理還是思維導圖，都力求將資訊歸納整合，化繁為簡。

◆第三，人設需要獨特

這點在傑克．特魯特（Jack Trout）的《定位》中有過闡述，人們的心智階梯有限，沒有獨特的賣點很難占據。一個品牌通常也只能主打一個賣點。中國品牌王老吉某個時間段就主打「怕上火喝王老吉」，後來的加多寶賣點變成了「正宗涼茶加多寶」。三九主打「暖暖的很貼心」，三十年的行銷都是圍繞這六個字。這些案例都說明，傳播的資訊最好是獨特的，能滿足某個獨特需求的。

現在的個人行銷、社媒行銷都過分強調人設的千人千面，忽略了最終的目標。我們打造人設的目的是讓人記住，但是被人記住的終極目的是產生持續的好感。只有這樣，好感的影響力才能持續發揮作用。

3. 好感收割機：穿正裝的魔力

社會上發現一個好玩的現象，就是工程師與格子襯衫的故事。走在大街上，一看到穿格子襯衫的，大家會不約而同地認為，他們就是「碼農」。所以不知道從何時起。不管是 Java、C 語言，還是網路編輯，格子襯衫已經成為他們統一的標識了。好像每一個合格的工程師衣櫃裡都要有一件格子襯衫才合理；走在大街上看到穿格子襯衫的可以上去搭訕兄弟，你是做哪個系統的？工程師大學畢業是不是應該一人發一件印有校徽的格子襯衫？總之，格子襯衫變成了這個群體的標記。

很多特殊行業都有制服，警察、軍人、醫護人員、外送人員等。職場上，職業人士也有自己的制服，就是正裝。正裝在現代社會的意義是什麼呢？我試著分析一下。

首先，正裝有天然的辨識度，能讓別人馬上認出你。如果你和別人約在一個熱鬧的咖啡廳，你穿正裝出現，就能很快讓別人在人群中找到你；如果你正在準備一場演講，穿正裝在場邊後臺，別人也會知道即將登場的是你，而不是剛剛走過去那個穿高領衫的（賈伯斯除外）；正裝能讓別人在你還沒有開口之前，就對你有先入為主的預判。在對外接觸的時候，你的形象代表著你的公司、團隊和你個人的修養，所以穿正裝是很多職場人的共同選擇。

其次，正裝能讓人產生親近的感覺。我本來可以穿著寬鬆的棉衣棉褲來見你，但是為了對你表示尊重，我犧牲了自己的一點不舒適，戴上一條毫無意義的領帶，穿著束手束腳的筆挺外套，出現在你面前。因此，正裝彷彿自帶一種高雅、尊貴的氣息。我的一個銀行的朋友告訴我，其實西裝背心一點也不保暖，但是為了讓銀行客戶感覺舒適，他們自己就得每天擠在西裝背心裡面。

最後，正裝是一種專業、權威的象徵。大多數人平常不會穿正裝，既不舒服又不保暖，可是專業人士需要穿正裝，因為一絲不茍、整整齊齊的裝束給人信任感，約定俗成的正裝習慣給人專業感。正裝透過在電視上、書本裡、言傳身教中不斷被強化，變成了華爾街每一個職場人必備的裝束。你可以看到，職場人士、司諾克選手大多也穿著西裝背心，醫師白袍裡面有時也會打上領帶，律師更是以一身幹練、整齊的西裝為傲。

初次見面，一套西裝比其他更具有衝擊力，你的眼睛已經告訴你，對面這個人與其他人不一樣，更加受人喜歡，也更加專業。

西裝自身有這樣的效應，但你也要學會分辨，有些人會利用著裝和外表，營造一種他更加專業、更加高人一等的錯覺，好讓你要麼喜歡上他的品味，要麼被他的氣場震懾住。你若想真正分辨出哪些人是有真正水準的，就要多接觸一下他，聽他說話，深思他話裡話外的邏輯，了解這個人受過什麼樣的教育、經歷過什麼樣的事情。只有全面了解，才能深深被他的專業和素養所折服。

第七章　展現實力法則

要得到你想要的某件東西，最好的辦法是讓自己配得上它。真正促成成交的是雙方的匹配度。

1. 實力：實力是成交的基石

這麼多年來，我判斷一個人可不可靠的方法，就是看他在言談中，尊不尊重實力。這個時代成功看似很容易，給人一種錯覺，只要方法對路，很快能成功。所以很多人，開口閉口就是奇門遁甲、以少勝多、反敗為勝，不知道過去偶然的一次成功其實要歸功於運氣、機遇，或者他根本無從駕馭的力量。更愚蠢的是，不敬畏實力的人，總想在接下來的歲月中複製這個奇蹟。

不尊重實力的人往往有一種錯覺，以為透過某些技巧，就能扭轉局面。他們不知道的是，反敗為勝、以少勝多的例子之所以令人印象深刻，通常是因為不常發生，大家津津樂道的，正是在實力懸殊的時候，戲劇性的反轉。

或許我們應該早些看懂這個道理，社會並不這樣運作。想要「反敗為勝」，提升實力才是不二法門。不管你是個人斜槓做網紅，還是小公司執行長想要逆襲，放棄幻想，打提升實力的持久戰才能助你成功。

關於實力，這裡有個著名的圈理論，從裡到外，我們有控制圈、影響圈、關注圈。顧名思義，我們在每個圈層的影響力都是不一樣的。那些匹配我們能力的事情往往落在控制圈，例如你可能會使用 **PPT**、**Word**、**Excel** 這樣常規的辦公軟體，但假如要你進行設計，**PS**、**AI** 等軟體知識有可能就在你的關注圈之外。提升實力的過程，就是鎖定自己的控制圈，擴大影響圈和關注圈的過程。

如果自己的控制圈過小，在競爭中我們就失去了優勢，主動權也不在自己手中。企業之間的競爭中更是如此，這方面的例子數不勝數，例如數位相機可能就是傳統底片的關注圈之外的競爭。更何況，實力不足的時候，我們輸不起，很多公司在實力雄厚以後，對付小公司輕而易舉，不是因為大公司能力有多強，而是他有足夠的資源跟你耗。就像某位企業家所說，「小公司的悲哀就是我職能上一次檯面，然後梭哈，贏了就贏了，輸了我就回家了」。

還會有人說，機會遍地都是，人生重在選擇。這些都是沒有前後語境的成功學理論。我想說的是，想要贏，行銷和影響力是過程，實力是基礎。號稱行走的書架的巴菲特合夥人如是說：「要擁有一件東西最好的方式是配得上他。」配得上，就是實力要足夠。

我們一直在強調的是，實力並不是一蹴而就的事情，而是漫長持久的過程。一開始我們的可能是從零開始，這裡要樹立的概念是，從一開始我們就應該關注自己實力的提升。

2. 人力：人力是實力的硬體

實力是什麼？

很多人知道波特的五力模型（Porter five forces analysis），麥可・波特（Michael Eugene Porter）也曾總結了綜合國力的五大要素資源：物質資源、人力資源、基礎資源、知識資源和資本資源。簡而言之，各類潛在或現實的資源綜合，以及範圍內能利用的資源的總和，就是綜合實力。

對照著看，我們也可以分析得出一個人或一個組織在實力方面應該如何要求。

◆第一是物質資源

在國家層面常指自然資源如礦產、淡水、土地等。對於個人來說則是腦力、身體、時間。身體各個器官是否健康，大腦運作是否靈活，應該要上升到「這是我們實力中物質基礎的組成」這個高度。如果你想在企業中得到晉升，精力的充沛與否十分關鍵。某位作家提到，真實企業中會結會、飛機連飛機的工作方式，比拼的並非聰明才智，就是熬身體罷了。三十往後，不必要的酒局、熬夜、揮霍身體的行為都應該逐漸減少，聚精會神地完成肉身的使命更加重要，「健康是革命的本錢」並不是說說而已。在企業層面，稍微複雜，可以用排除法，去掉人力資源和資金資源以外的公司資源，都可以歸屬於物質資源，例如硬體設備、廠房、辦公室等，軟體管理方案如行銷流程、財務流程，這些物質資源品質和數量的提升，也是企業實力提升的表現。一個公司逐漸擴大自己的生產基地，豐富不同的生產線，釐清各個部門的管理方法，一切都需要時間沉澱和優化。

◆第二是人力資源

在國家層面主要透過人口數、勞動年齡人口數、以及受教育程度的人口數等指標衡量。我們可以同樣借鑑，於我們個人而言，選擇對的行業代表人力資源能發揮的價值最大，不同行業人效比的天花板是不一樣的，知識水準相對低的情況下，健身教練和化妝師的人效比也比工廠流水線工人的高；知識水準高的層面上，教師醫生等職業的生命週期又比銀行行員、工程師的相對長；於企業而言，不管是小微企業、現代化企業還是家族企業，實力的提升就是數量和品質的增加，人的逐漸增多代表企業職能的不斷細化；品質的增加則是每個職能創造的價值在提升。這些指標都意味著企業實力的增強。人力資源還包括我們身邊的朋友、企業能控制的上下游等等。

◆第三個是資本資源

國家的資本指標比較複雜，如GDP、GNP、PPP等。這裡為了方便理解，我將之簡化為「錢」，一切我們能支配的「錢」的資源，展現了我們的實力。現在有很多書都在將個人投資、資產分配，本質上要看到是不是「錢」的增加，因為只有「錢」的增加，才代表實力的增強。功利的說，資本資源是上訴兩種資源的根本，有「錢」可以交換健康（不要說錢買不來健康，你所想的情況是因為錢不夠所以沒法延續健康）、可以配備人力（如選擇將低人效比的工作承包給別人）。資本資源因此也是實力中最重要的一部分。

我的觀察是，實力的提升是競爭中取勝的基礎和關鍵，也是行銷中唯一值得持續思考、打造的部分。實力不足會帶來諸多的問題，對比起來，其他策略顯得需要依靠運氣、時機，威力也不是那麼足。

3. 展現實力：人生精進的重要性

我第一次看中國拳擊手鄒市明的介紹，叫做蠅量級拳王，我很奇怪這個定語是什麼意思。研究了一下，哦，原來拳擊比賽按照人的體重劃分了不同的等級，鄒市明是六十公斤級的拳王，所以叫做蠅量級。競技場上我們可以根據體重區分不同重量的選手，但是真實世界中，我們可能是以六十公斤級的實力在和一百公斤級的選手在競爭，更可怕的是，沒有人告訴你對手的實力！

前文我介紹了一些如何影響別人的方法，例如恩惠、好感、焦點等，這些方法都是在對方和自己是同一個數量級時才能見效的。想要改變別人，最重要也是最本質的一個方法，就是打造更強大的實力。

在實力的提升上，我想首先需要破除的，是有捷徑可以快速提高實力。心理學有個概念叫做：倖存者偏差（survivorship bias）。我們看到的成功者，往往是大浪淘沙後的幸運兒，並不存在一條捷徑直通終點。退一步說，就算真的有那條捷徑，我們怎麼確保自己是第一個找到的人呢？

破除了「尋找捷徑」這個幻想後，我們可以來想想正確提升實力的路徑了。

首先，是要樹立一個信念。實力的提升雖然沒有捷徑，但不妨礙我們在路上想像終點！這種想像如果沒有行動就只是夢想，夢是假的，最終也無法實現。而信念就像指明燈一樣給我們照明前路，引導我們的方向。

我們用不同的角度了解這個信念的重要性：佛曰，思念造業，心不喚物物不至。世間一切都是業障，緣起緣滅是業，因果報應也是業，而思念會產生業，心不召喚的事物不會出現，信念很重要！中國古話「念念不忘必有迴響」，非常淺顯易懂，信念很重要！美國暢銷書《祕密》（*The Secret*）揭開的宇宙法則是：心想事成。你要向宇宙發出強烈地渴望，然後渴望的事情就會出現，信念很重要！松下幸之助的人生哲學是：你必須這麼想。人生要有意在意。信念很重要！

樹立這樣的信念是實力提升的第一點，我們要講的第二點是：精進。

曾國藩大家比較熟悉，中國有兩個半的聖人，孔夫子、孟子，曾國藩算半個。這是對曾國藩很高的評價。他一生立德、立功、立言，是大寫的狂人。有人問他，如何精進。他答：用功譬若掘井，老守一泉為上。又言驕惰未有不敗者，勤字醫惰，慎字醫驕，誠字立體。可見，這樣一個戰功赫赫、萬世師表的大儒，也是誠誠懇懇的探索精進之道。

日本「經營之聖」稻盛和夫有相似的見解，他經營的三家日本企業都躋身世界五百強，是實實在在的實戰派。在《活法》一書中，並沒有著重描寫企業管理經驗，而用了很大篇幅描述他的人生觀、價值觀。關於人生精進，他寫下了六項心得：第一付出不亞於任何人的努力，第二謙虛戒驕，第三日日反省，第四感恩世界，第五積善行，思利他，第六去除感性煩惱。每一條都值得認真推敲。

在實力提升的方法上，前人的經驗驚人的統一：不斷試錯，挑選出唯一正確的道路，堅持走下去，相信時間沉澱的力量。

小時候讀過一篇文章，叫小馬過河，核心思想是人與人之間自身不同，要辨證的看待事情。但其實只有小馬過河要想策略，大象過河不用想策略，邁過去而已。當你的實力可以碾壓對手的時候，最佳的策略就是：不需要策略。

4. 獲得實力：從品質到數量的崛起

提升影響力引爆行銷，實力是基礎中的基礎。如果展開講，我們需要將某個人、某個企業的所有指標進行對比，最後才能得出實力高下的判斷。真實世界我們並沒有這樣的人力物力做全方位對比。但是往往又需要評估這樣的差異，我的想法是，抓住實力中品質和數量的區別。

我們先講講實力中「品質」的差異。

現存最早的人類工具可以追溯到一百七十六萬年前的阿舍利手斧，其實就是一塊小石頭磨鋒利了某面，但是可以想像，這樣一個小工具比純手工狩獵、撕裂獵物表皮、砍伐樹枝提高了多少效率！阿舍利手斧的誕生意味著人類開始使用工具，減少能量的損耗，提升工作的效率，逐漸拉開了與動物的差異，簡而言之，實力增強了！本質的改變意味著實力的競爭進入另外一個層次。

那如何在品質的層面追求實力的提升呢？從通訊行業我們可以得到啟發：最早人們用信傳遞資訊，只能傳播有限的資訊，見字如面。後來貝爾發明了電話，可以直接透過語音傳遞資訊，我們可以聽到對方的聲音，更生動。現代通訊，我們可能都離不開LINE、IG這樣的傳播工具，不僅能看能聽，5G時代到來還能產生互動，滿足了人們更多的需求！馬斯洛的需求理論同樣可以借鑑，一九四三年，他在〈人類動機理論〉（*A Theory of Human Motivation*）文章中寫道：

「一旦人們獲得了空氣、食物、水和性，就會尋求安全。得到安全後，他們會尋找友情、親情和愛情。等這些基本需求得到滿足後，人們會將注意力轉向獲取尊重，並最終去追尋終極的目標：自我實現。」

在實力品質的提升上，滿足不同層級的需求，代表不同的實力等級。人們會追逐那些實力等級高的產品，就像原始人不斷追尋水土肥沃的新大陸一樣。品質的提升需要洞察，我們需要時機、靈感，甚至運氣才能提升實力。

接下來我們從數量的角度，分析應該如何提升實力。

以中國為例，截至二〇二〇年，微信註冊用戶達九億人，從一線到四線城市的人們基本都在使用這個軟體。其他社交軟體平臺，仍艱難地在一億人這個級別徘徊。市場有估算企業實力的各種指標，但是我們也可以簡單地從「註冊人數」資料得出結論。實力在數量上的展現非常直觀，《孫子兵法》裡就有記載：十則圍之。當對方和我們在數量上有明顯差距的時候，影響力就能直接發揮作用。

不僅是企業間數量的差異，稍加思索我們就能發現，人與人對比，也有年齡上、體重上的差距，還有所經歷的事情（通常稱為閱歷）上的對比。這些差異也是實力的差異。

競爭中想要取得勝利的影響因素有很多，實力是重中之重。即使我們可以透過策略暫時取得優勢，長遠來看，實力才是最終取勝的不二法門。不管是企業還是個人，實力的提升必須仰仗不斷地精進。

第八章　達成共識法則

人們會以他人的行為作為判斷標準，指出一個大家都在做的有效且可行的選擇。

1. 共識：虛假的人造評價

這章我們將談到有關共識的話題，所謂共識，可以理解成社會主流對某件事情的共同態度，會影響我們對事情的判斷。

有時候我們大腦中似乎存在這樣的假設，要是很多人都認同某件事情，他們一定知道一些我們不知道的事情。最優的策略最好是尊重「集體智慧」。根據大家的共識做事，大多數情況下是正確的。以符合社會規範的方式來做事，也總比跟它唱反調犯的錯誤少。原始人有一種群居的本能，提醒某些個人最好不要特立獨行，這樣不僅能避免在下雨天被雷劈中，還能讓大家都處於一種你好我好大家好的平等狀態。

專門研究群體心理學的古斯塔夫．勒龐（Gustave Le Bon）提出了不同的看法，他認為：

「群體的情感特徵如衝動、易怒、不理智、缺乏判斷力於評判精神、情感的誇大和其他特徵，存在於較低等級的演化形式——比如野蠻人和兒童。」

《烏合之眾》(*The Crowd: A Study of the Popular Mind*) 客觀地闡述了大眾心理特徵。將上面提到的「集體智慧」拉下神壇，至少我們知道，共識也有可能出現錯誤。而我們以此來評判正確性甚至影響行動，實在太過於武斷了。

商業界發現了「共識」的祕訣，最常見的，就是在醒目的地方設置「銷售排行榜」，這樣一來，就能省去打廣告說明產品有多好的宣傳了。只需要暗示消費者主流客戶選擇的是什麼就夠了。當你看到某些產品「銷量最大」或「增長最快」時，更應該留意評論區，看看客戶的真實體驗。

壞消息是，客戶的真實體驗也可能被操控！我曾經從事過跨境電商工作，無意間了解到這行的一些祕密：有些網站的產品評價，可以透過購買得到！無論你想客製什麼樣的內容、多少的數量，都可以透過專業的代理機構做出來。這些專業機構還提供「編寫使用感受」、「刪除負評」的服務。據專家分析，網路上所謂消費者的評價，有四分之一都是造假的！

店家們很清楚我們有多麼頻繁地被其他人的意見和行為影響，特別是在網路這樣失去了落腳點的地方，偽造「共識」的方法能影響他人的決策！所謂的共識，可以被引導，利用造假的社會認同，營造出非常受歡迎的感覺。

關於網路的話題我們還可以再深入，為什麼在網路上我們更容易被他人的意見引導呢？研究顯示，人在情況不明瞭、選項不確定、有可能出現意外的時候，更傾向於認同別人的行為是正確的。數位社會滿足所有的條件，消費者脫離了日常的生活場景，對即將面臨的選擇毫無頭緒，更沒有歷史經驗指導，這時候出現一些是是非非的「共識」的聲音，就像落水時抓住的繩子一樣，解救了我們。

關於共識的其他表現形式，如明星代言等，則更是將「群體意識」挖掘得淋漓盡致。

2. 影響力：明星代言的祕密

明星廣告現在是那麼普遍，任何一家公司想要打出品牌知名度，都會邀請名人做廣告，一個名人只要有一定的關注度，或者說有一定的粉絲數量，就有商業價值。這已經成為了現代商業不可或缺的一部分。

有時候看著電梯裡的名人廣告我也在發愣，如果這個沒效，那就不會有人花大把錢請人代言、買廣告版面、做設計拍攝。但是你要說它有效，我想想，我們都是號稱經過九年（或十二年）義務教育的理性人，這個明顯跟我不一樣的名人，怎麼會影響我呢？名人用的手機為什麼我也要用呢？他吃肯德基我就一定要吃肯德基嗎？作為一個行銷人員，我需要給自己一個滿意的答案。在網路上找到的原因不外乎是說，名人自帶關注度、名人有固定的粉絲群、名人有社會效應。可是這也不能解釋最本質的問題，為什麼名人廣告能影響人們做出決策呢？

我試著從古至今分析一下：

首先，原始人的最佳策略當然是跟著大部隊走，前段時間有部電影講的就是這個道理，即使是部落首領，在得知自己的孩子墜入山谷，又無法挽救的情況下，他也是跟著大部隊返回營地，不然很明顯就是死路一條。

隨著社會的發展、人類的演化，我們慢慢有了更多的機會資源。隨著農耕時代生產力提高，人類有了選擇的機會。買騾子就沒錢買馬，買了豬就沒錢再買牛，怎麼選呢？古人肯定也思考過這樣的問題，並且還做了很多類似河圖洛書、易經之類的總結，就是想知道事情發生之後會怎麼發展，作什麼樣的選擇才叫「順應天道」。生活中常見的問題，繼續使用「跟著大家走」的策略，一般也不會有什麼問題，大家都認為好的東西，差也差不到哪兒去。

這時候，假如有一個人反問自己，為什麼我要跟大家一樣呢？我家沒有豬圈啊，我要養倉鼠，就喜歡可愛的倉鼠。這個跟大家不一樣的選擇，第一時間將自己放在了跟群眾的對立面上，將面臨很大的心理挑戰。除非自己十分有把握，有十足的自信自己獲得的資訊是最全面的。不然也會嘀咕，自己是不是做了最佳決策。而選擇跟大家一樣的行為，就沒有這樣的心理負擔。

再做出了同樣選擇的人中，會有一個特別的榜樣浮出來。例如一個村裡最富有的那戶人家，他家就是靠養豬發家致富的，那麼這個家就是村裡的榜樣。這個榜樣會激勵後來的人，影響他們做出一樣的選擇，甚至大家也不再深思這個榜樣是怎麼來的，就五體投地地相信自己應該做出這樣的選擇。

這就慢慢形成了一股名人的浪潮，跟著名人走是原始人留給我們的生存祕笈，又是避免背負心理負擔的捷徑，但更是停止思考的前兆。

讓我們再回到一開始我們說的代言人的話題，無可厚非企業和明星的聯手，將直接贏得年輕消費族群的喜好，是一個雙贏的合作。但作為消費者，我不想停止向自己發問，我真正要的是什麼呢？有一句話說得好，大家都用同樣的方式思考問題，就沒有人思考得更深刻。

3. 共識變化：比特幣大跌的真正原因

二〇一八年年初，我跟我爸一起吃火鍋，第一次聊到了比特幣，那時比特幣很熱門，差不多兩萬多美金一個，粗略一算，十個比特幣就夠在大城市買一套房。我爸把他從麻將桌、茶館裡、捏腳師傅那收集到的資訊整理了一下，得出的結論是：不能碰。而我這方面知識累積很薄弱，數學不好的我，經濟和IT也是滿頭包。大概聽說過一些關於鬱金香、龐氏騙局的知識，根本沒有辦法支撐我做出判斷。但出於學習、進步和怕被時代拋棄的考慮，我還是在比特幣回落到一萬美金左邊時買了一些。

而當我寫下這篇文章的時候，比特幣已經從兩萬美金跌到三千美金左右，年初能在大城市買一套房的比特幣，現在只能買一間廁所。對於我這個故事還不算太悲傷，因為我在一萬美金右邊時又全賣掉了，所以基本沒有損失。作為一個不懂經濟、不會IT、沒有錢的我，我當時是怎麼想的呢？

剛接觸比特幣的時候，我看到一篇報導，大意是說貨幣只是人們的一個共同幻想物，舉了例子是太平洋的島上有人拿大石頭也可以做貨幣，因此，比特幣這種去中心化、透明公正的貨幣完全有潛力取代現有貨幣，成為一種新的幻想物。我是完全認同這種說法的。古斯塔夫．勒龐在《烏合之眾》就提到，當個體處於群體之中時，極容易失去個人意識和判斷，而變成群體中的一分子。我想當時的比特世界就是這樣，一個新興的技術，人們抱著它可以顛覆傳統經濟、組織的期望，共同認可它，於是價值高漲。

因此，重點來了，當一個人不知道如何做決策時，社會認同的力量就會見效。社會認同是基於一個龐大的認知共同體，大部分時候，這個認知共同體所共用的知識確實是比我們個人要豐富得多、充實得多、正確得多。從一九八〇年代炒股票，到後來炒房，到現在的炒作比特幣，都有社會認同的力量在其中推動。社會認同就像一個無形的海浪，緩慢而有力地推動世界前行。

社會認同在以下三種情況最容易見效：

第一，即將做的選擇自己不確定的時候，我們會向與自己相似的人尋求幫助。我媽買股票就是用這一招，她一般不會自己去看公司的簡介、市盈率等，而是問我舅舅，最近有哪些股票比較紅，俗稱盲目的散戶。其實她一點都不盲目，她是跟著人部分盲目的人走，因為投資股票這個事情本身就有很大不確定性。賈躍亭可能回中國的謬傳都會激發早已不屬於他的樂視網漲幾個點，社會認同就是這樣，他不一定正確，但代表著大多數人的看法。有的時候，即使我們很認真的思考，也未必能得出確定的答案。之前我想買一把吉他，自己反覆對比了大紅棉和卡西歐的區別，最後還是在店員推薦下買了馬丁，他只是說「大部分玩吉他的人都會買馬丁」，我就投降了。

第二，當自己沒有參照物，形成孤島的時候，我們也會更容易做出跟大眾一致的決定。這個可能是因為我們已經遠離人群，大腦向你發出了危險的訊號，這時候什麼是正確的選擇反而沒那麼重要，重要的是你要盡快回到人群中，做出與大眾一致的選擇就是一個很好的出口。很多年前我到過中國四川色達五明佛學院，那裡以漫山遍野的小紅房（僧人自建的房子）出名。雖然房子貼著房子毫無隱私、風景可言，但是沒有人會遠離人群選擇一個空曠的山頭來住，孤島效應讓人們更渴望回歸人群，因為那樣意味著更加安全。

第三，如果出現了極端的最好和最壞的選擇，大部分人都會選擇中間的那個選項。從股市來看，那些價格在幾百元的股票比幾千塊一股或者幾十塊錢一股的股票受眾更多一些。各個店家也會推出不同級別的商品，吸引人們選擇中間的那款。

比特幣在誕生之初，也是受到以上三種因素影響而價格飛漲，互聯網＋經濟是一個全新的領域，人們不像傳統市場一樣有經驗，因此不確定它的投資價值，這時稍加引導就能製造大眾對它上升的期望，但這個期望會隨著比特幣的應用價值逐漸下降，真相的迷霧撥開之後，比特幣就缺了不確定性這個助手。

其實，每一個人都是一個孤島，有些人擔心自己趕不上時代紅利、有些人擔心自己資產縮水，或多或少分配一些，像大多數人一樣，是大家共同的想法，但這樣的孤島隨著交流、溝通會逐漸減少，當大家都湧入區塊鏈這座小島的時候，島上的資源不一定夠大家分配，就會有人離開。

由於比特幣沒有政府背書、沒有很高的技術壁壘，各種山寨幣層出不窮，大部分價格又比比特幣低很多，人們一進入這個市場眼花撩亂，最高的比特幣和那些幾塊錢的山寨幣都不是最好的選擇，久而久之，連選擇本身也變成了一種累贅，這就是比特幣跌落神壇的第三個原因。

我並不是因為比特幣價格跌了才寫這篇文章，我也沒有足夠的知識去討論區塊鏈的價值，我只是想了解大眾對於一個共同幻想物的態度變化，這個變化的規律才能成為我們在下一個決策時的參考物。而透過這次比特幣的變化，至少我們知道，數據就是一個很好驗證社會認同的指標，有一句話說「數學是上帝留下最接近他的真跡」，真實的數據不會騙人，真實的數據能客觀的展現你需要的內容。

4. 達成共識：如何開一家小而美的店

春節將至，家附近的餐廳陸續貼出了放假通知，忙了一年的人們也大多踏上了返程之旅，人流量明顯減少。讓我得以造訪幾家平常去總是要排隊的餐廳。

第一家是火鍋，店員們很高興地說「我們過年不放假哦，歡迎常來」。我是想常來，但是我腸胃有意見，來一次得休息一段時間。鑑於店員過年不回家還那麼開心，我想多半是老闆走之前說過年期間的營業額他們可以自己分，這樣既省了人工，又能留住那些過年不回家的人的心，還能吸引一些新的顧客，可謂一舉三得。需要考慮的一是關於成本、品管等方面的問題，我想監控技術應該能滿足老闆的需求；二是成熟員工的自我管理能力，這個則需要長期培養。火鍋味道一如既往的辣，辣得囂張、辣得跋扈。但是樂在跟這些可愛的員工交流。也暗自佩服那位聰明的老闆。其他老闆大多都在想：過年反正沒生意，養著人還虧本，早點關門算了。殊不知服務行業哪有假期呢？

第二家是烤肉店，在大眾上這家店是五星店，而且是烤肉這個獨特的品類，人均單價是七百五十元稍微有些高，平常我是不太願意花那麼多錢吃一個沒有什麼技術含量的店的（烤肉嘛，不就是燒烤不加孜然嘛）。但還是懷著不能再吃火鍋的心態進了這家店。

到的比較早，還不是用餐尖峰時段，店內沒什麼人。進去後，店員先是問我有沒有預約？沒有預約只能坐在一般的桌凳區域。我環視了一下，這家店不大，分成了四個區域，進門右手邊一排是吧檯區域，吧檯後面一整面牆都是清酒威士卡，不乏限量「響」、「山崎」等貴酒。吧檯附近是七八張卡座，服務員就是引導我們到這邊坐，卡座中間稍微隔了一下，隱約有四張榻榻米式座位，還有一個看起來通透又隱祕的包廂（通透是因為用玻璃隔起來，隱祕是裡面用日式簾圍了一圈，整體是裡面可以居高臨下看整個餐廳，但是外面只知道那裡有一個包廂）。坐下後，看了一下比較簡潔的菜單，雖然只是一面，但是手寫的很有質感。另外價格也很明顯有三個級別，最便宜的雞胸肉、蔬菜類大約是一百五十左右一份，稍貴一些的牛小排、牛舌等大約四百，還有名字很浮誇的「美式極品霜降牛肉」則是一千五百元起跳。我們兩個人，就簡單點了一些，此時店內已經陸續來客人了。

我們吃了一會兒，店裡進來了一個看起來上了年齡的大叔，戴著棒球帽，穿著POLO衫，雖然上了年齡，但聲音很有磁性，逐一跟店裡的熟客打招呼，安排店員幫客人烤肉。他也挑選了幾個看上去很有錢的生客，主動說道「我來推薦一下吧」，氣氛很快就自然了，店主和生客聊著餐飲、天氣等閒話題。過了一會，烤肉上來了，店主熟練的指揮他照顧的幾桌客人「先烤五花肉」、「牛舌等我來幫你烤」、「等血滴像淚花一樣就可以翻面了，這樣可以鎖住水分」。看著顧客吃得很是開心，店主又提議到「下次可以約幾個朋友過來喝點，我這兒酒水也很好」、「開店主要是為了交朋友」、「我們有個高爾夫球隊，下次可以一起約」等等。

吃完烤肉後，我買了單，店主還在不斷和客人們聊著天，店裡已經坐得滿滿當當，還有人在門外拿號碼牌排隊。簡直不可思議，這個商區的店很少有坐滿的。我快速算了一下，按照人均一千元、一輪十張桌子二十個人計算，一輪就是兩萬元，這個樣子一天至少四輪（中午一輪、晚上三輪）就是八萬元，滿月的話就是 30×8 萬＝ 240 萬元營業額，做的好一年就是千萬級的店。當然不可能這麼好，按照最差每個月滿八天計算則是 8×8 萬＝ 64 萬元營業額，一年大約 750 萬級。當然也要計算成本、稅收、人工等。但我也同樣沒有計算外送、酒水等收入。這樣粗略一算，月均收入在五十萬元不成問題。店面裝修、設計投入大約兩百五十萬元，半年即可回本。

走出來我在想一位客人說的一句話，大意是羨慕店主可以開一家店招待朋友，店長很謙虛地說也就是混口飯吃。月均五十萬元混口飯吃，怪不得不上班了。從幾個方面可以看出店主是很有想法的，一是線上推廣、點評的用心，他知道那個是現在主要的流量入口；二是預約制的推廣結合店面的布置，讓預約的人感覺到尊貴待遇，並且有些許的飢餓行銷（包廂只有一個），最大限度保障上客量；三是不同梯度的菜單設計，普通人可以吃個一千到一千五，你想吃貴全點霜降牛肉也能到五千，再喝點高檔酒兩三萬也不成問題。

這時我又路過了一些連鎖餐飲店，雖然這些店要麼有成熟的行銷體系，要麼有「尖端」的市場行銷人員，但是跟這個普通的、小而美的烤肉店相比，他們的行銷思維根本不在一個層次。繼而我又想到，這個獨特的品類估計也是這個老闆的無奈之選，如果要加個川菜、港點什麼的，需要考慮的事情更加複雜。

總而言之，如何經營一家小而美的店？我想這個老闆做了一個完美的示範。

第九章　權威認知法則

人們願意聽從專家的意見，專家更值得信賴。

1. 權威的力量：消除不安心理

不同行業，我們對那些有地位、有權利、有能量的人的稱呼也不一樣，在醫藥界一般會稱他們為「專家」，婦科專家、腔室症候群專家、人工牛黃培育專家等。在演藝圈會叫大咖、××一哥、××扛把子等人民喜聞樂見的藝術家。不管叫他們什麼，都指向一個最終的力量，就是權威。

人們對於權威的敬畏心理，是怎麼發生的呢？

我們可以從人類成長中找到答案。幼童沒有自給自足的能力，他的所有能量來源，依靠一個外在的存在：父母。他想獲得的一切，都需要這個存在的給與，這形成了最早對權威的認知，權威是一股支撐我們生存，但我們又無法控制的力量。家庭中，父親常常扮演的就是權威的角色，一個大家族，也有一個德高望重的長輩主持人局。在這裡，權威的力量來源於人們對生存的敬畏。

其次，在某些領域如醫學、科學，頂級專家往往也有巨大的權威，他們透過探索未知的世界，不斷擴大認知的邊疆。攻克一個疾病往往需要數代人不懈的努力，從研究發病機理到找出解決方案有漫長的路。在這裡，權威的力量源於人們對未知的敬畏。

生存和未知的壓力一直都籠罩在人類頭頂，讓人們逐漸形成了一種模式反應：每一件事情冥冥中都有一個更加權威的存在，當這個存在出現，我們最好服從。服從權威是一種天性，具有獨立思考能力的人，有時也會為了服從權威而失去理智，是因為他知道，自己的能力一定存在缺陷，所以權威的力量往往更容易影響到他們。

敬畏權威在大部分時候是讓我們受益的，所謂讓專業的人做專業的事，權威可以幫我們解決對未知和生存的恐懼，解決實際中我們不懂的問題，大大節省了時間，整個社會也更加高效。例如生病了，最好尋找治療這個疾病的專家，自己上山採藥很可能卒，更不要寄希望於神神鬼鬼的迷信；又例如裝修時，最好的辦法是包給施工隊，自己抹水泥不僅搞得灰頭土臉，可能效果還不好。

但是在某些情況，專家可能真的是「磚家」。行銷很容易利用大家對權威的盲從，引導我們做一些不符合自身利益的事。這些年健康食品的名聲不好，就是因為太多無良從業者濫用權威的力量，請一位白髮蒼蒼的所謂專家代言某產品，號稱各種神奇的功效，結果可想而知。

權威的力量也不是屢屢能發揮作用。至少有兩種情況，權威的力量會被削弱。

◆第一種是資訊的完備

既然權威來源於對未知的敬畏，當消費者掌握足夠資訊時，就不會盲從權威。完備的資訊意味你對某件事有了自己的判斷。隨著你對事情的了解逐漸加深，你也成為了半個專家。很多人說自己裝修一遍後，都成為了半個裝修專家，就是因為在這個過程中了解逐漸加深。但是要注意，表面的資訊不足以讓我們成為專家，你了解再多裝修的小技巧也不可能自己裝修，因為還有「去哪兒找工人」、「怎麼和材料商達成長期合作」這樣的「水面之下」的問題，只有透過實踐、遇到問題解決問題才可以獲得。

◆第二種是長時間的接觸

權威的存在可以是一部法典、一個人、一種制度等等。當我們長時間與權威相處，逐漸會從心理層面接受他的存在。心理學上有刺激頻率加大效果減弱的實驗。當權威如同鄰家姑娘一樣長期相伴時，他對你的影響力也會減少。領導力書籍常常告誡主管要和員工保持一定距離，因為頻繁的接觸，從感性上會削弱權威的力量。

行銷時，巧妙的借助權威的力量，能消除消費者的不安感，進而促成成交。

2. 氣場：自帶的震懾力

氣場究竟存不存在？我爸跟我說過一個他年輕時候的故事。他說他剛到都市的時候，有一天早上沒事做在公園散步，看到一群老年人在廣場上打太極拳，只見他們氣聚丹田，一個推手，隔空就把我爸給震暈了。他信誓旦旦地說他真實感受到氣場的存在。

我一直對這個故事將信將疑，其實這個事情很好驗證，找一個無聊的早上，我們一家人再去一趟公園，排排站在老年人十公尺開外，詳細記錄下每五分鐘的感受，就可以驗證至少那個當下，有沒有氣場的存在。

我想我爸多半是頭天晚上喝多了，走到哪兒酒勁突然上來了，後來又不好意思提自己酒量差，慢慢就欺騙自己說那是「氣場」。

太極拳的氣場我是沒有真實感受過，但在工作中，我確實感受過來自某個人的氣場。有的時候，在跟某些上級、甲方交談的時候，會明顯感覺自己被攥入一個扭曲的空間，精神高度集中，生怕錯過對方一言一語。交談完還會有頭痛的感覺，甚至在下次見面之前就開始擔憂。

常常會聽到說誰誰誰氣場很足，就像世外高手一樣，有一個大家聽不見看不著但是又確實存在的武功。氣場很足，往往展現在：走在他身邊無形就會感受到壓力；他不說話彷彿很深沉，一張口就是最權威的解釋。

但是氣場的本質究竟是什麼呢？如果對這個詞語定義不清，我們就時常會被影響而不自知。我認為所謂的氣場，就是權威在發揮作用。

回想一下，什麼時候開始我感受到「權威」的氣場呢？最早是父母親，我父親從事建築行業，皮膚黝黑不善言談，給了幼年的我很大的壓迫感。之後就是上學時期，我有一個特別嚴厲、極其變態的國中班導就是會給人氣場感。當然隨著我年齡的增長，現在我碰到國中班導或者我爸，只會有親切的感覺，而不再是以前那種承受低氣壓的壓迫感了。

因此我們可以得出，權威一直存在，不同時期不同的人會帶來不同的壓力。權威也不是固定的，會隨著兩個人之間關係變化而變化。

其次，這些人為什麼會讓人感到權威呢？或者說為什麼氣場那麼足呢？又或者說跟他們在一起為什麼會給我們帶來壓力呢？我們的生意夥伴，說白了賺錢要靠對方，這種情況下，利益是壓力的來源；我們的主管，保住手裡飯碗、職位升遷都靠對方，出於職場安全感的考慮，會給我們帶來壓力；其次是某些事情上的專家，例如法律顧問、醫生等，這種壓力，我想來源可以歸結於「個人品牌」。這種氣場一部分是實力的差距，另一部分來自於不同領域之間的差距。

權威發揮作用，讓我們感受到壓力，進而感受到對方的氣場很足。我想，這樣是解釋得通的。權威至少是一部分氣場的根本原因。

根據研究發現，權威本身甚至不用出現，只要有一定的暗示，人們就會自己腦補接下來的事情。比如大部分的明星代言廣告，透過選擇有「實力的」合作夥伴為自己代言，增加大眾對品牌的信任、提升品牌的威信。現在大家看的廣告，如果不深入思考，很多所謂的權威形象都是一種河流倒灌行為，一個人一個品牌在某些領域成為專家，再反過來湧向其他領域。

行走江湖多年，有一些權威是以前能讓我感受到壓力，但現在不會，例如：有一些人名片上動不動就是亞太區總裁這樣的職位，以前碰到這樣的人我不禁會肅然起敬，內心會不自覺地想：哇！真厲害，一個總裁來找我一個小小經理聊天。現在除非是正兒八經公司的總裁會讓我肅然起敬，大部分時候我一看這種名片就感覺碰到了騙子。有一些人每次見面都無意間炫耀自己的手機、名錶，或者穿著印有大大LOGO的服裝，又或者開口閉口某總某董，這種人大部分時候我都得強忍笑意跟他們聊天。天啊，這人是小孩嗎？隨著年歲增長，這種權威越來越沒有氣場了。

還有一種權威比較具有迷惑性，就是展示實物。我想起兩個案例，一個是多年前我們家想要購買某支「原始股」，找到一個人，他約我們在市區辦公室見面，一進辦公室，哇，牆上掛滿了對方和歷任國家重要行政人員的合影，他一一向我們介紹：「這是某某部部長」、「這是剛剛卸任的外交官」……說實話，到現在我也沒有能力分辨這類人是不是真的，不過一般來說，只要不讓我掏錢、掏時間，我也不想深究。第二個是前幾天碰到的一個合作夥伴，他每次約我都開著一輛賓士，我從來沒去過他的辦公室，每次都是在車上談生意。鑑於這車價值近五百萬，我比較傾向這人是真有實力的。後來某次寄快遞無意間發現，他的辦公室居然在一個住宅區裡，我不是說住宅區不好啊，只是感覺和車匹配不上，甚至開始懷疑每次來見我時是不是特意租車啊。當然這無可厚非，如果我做生意也會這麼幹。舉這個例子我只是想說，如果碰到這樣的人，權威只是表面的加成，跟實力關係不大。

總之，氣場有的時候來自於權威，有的時候來自於實力的差距。有些氣場是真氣場，有些氣場只是狐假虎威。被氣場所影響只是一種假象，真正要做的是盡快提升自己的實力，樹立自己在某個領域的權威。

3. 情感共鳴：居高臨下的權威力量

好為人師，真是當代城市男人的劣根性。無論自己是不是真懂，抓到機會就要給別人上課。我有一個哥們就是這種人。這些年，我見證了他從一名青年酒場講師變成成熟酒場導師的全過程。我們就叫他楊君吧。

楊君比我大一歲，比我早半年進入公司，同期只有我們兩個毛頭小子比較對味，經常在一起喝酒吹牛。每次喝酒一開始，楊君就會說，他最近思索一個事情頗有心得，要不要跟你分享一下。我對他說，「你先把酒錢掏出來分享一下，等會喝醉了沒人買單」。其實無外乎都是一些張家長李家短、王總為什麼能做總管的破事，但是楊君就是能喋喋不休地替我一個人上課，那時候我剛出社會，還不太懂所謂的職場禮儀，還以為職場喝酒都得這樣給人上課才叫「帶人」呢。但是又覺得這人怎麼這麼「聒噪」，對就是這麼聒噪啊。後來公司逐漸壯大也不斷有新人加入，這個酒場講壇啊，人就越來越多了，後來每次喝酒都不用我湊分子錢。楊君也練就了一套用嘴工作的本領，而我練就了一套用筆工作的本領。

楊君是個好人，就是聒噪了點，我們以後再說他。就說這個拉良家下水、勸妓女從良的壞毛病，真是所有男人都要注意的。人生導師也好，酒場講壇也好，知識變現也好，多多少少都是這個壞毛病的衍生品。

所以，本文所要討論的就是：如何做一個合格的講者？

從聽眾角度分析，一個人無論是喝酒、工作、休閒的時候願意聽另一個人天馬行空說話，為什麼呢？不外乎就是想獲得一些新知識、尋找情感共鳴。情感共鳴究其根源就是受「權威」的影響。聽眾有尋找權威的需求，講者又往往有要做權威專家的欲望，一拍即合！

所以，互聯網知識變現，可以分為三類人，一類是權威渴望者，就是那些開各種課程的講師，巴不得把「如何開啤酒瓶」分十堂課詳細介紹一下；一類是權威圍觀者，主要是付費的聽眾，對於未知的探索和好奇是他們主要動力來源；還有一類是未覺察者，就像十年前剛出社會的我，只是覺得這幫人好聒噪、好無聊啊！

做一個合格的講者，我認為，至少要在某一個領域有專業的見解和深入的思考，能給聽眾啟發。就像「如何開啤酒瓶」這個話題，憑藉我十年的酒場經驗，做一些酒文化知識普及、酒場禮儀、酒場段子的介紹應該還是沒有問題的，而且也確實給那些酒場小透明一定的指導。但是，如果純粹就是一些無趣新聞、瑣碎雜事反覆嚼舌根，就沒有什麼意義。要想成為權威，知識的儲備和深入的思考必不可少，這是作為講者的基本能力要求。

但是，有的時候營造一種可信賴感，也能給人以權威的感覺。例如情感方面的貼近、換位思考的能力、共情的能力，即使沒有高深的知識，也能給人權威的感覺。例如我覺得很多中醫就是這方面的高手，天人合一陰陽調和，即使只是一種合理的猜測，但也給患者莫大的鼓勵，以及對醫生的信任。

最後，我想講講如何分辨合格的講者，除了接觸觀察以外，我們還可以透過思考這個講者的立場、經歷等判斷，他是不是貨真價實的行業領袖。那些自封的「專家」即使包裝得再好，也有露餡的時候，大多數情況下，我們只是茫然地接受了自己在這個領域不專業的現實，選擇相信一個可能更加不專業的表演大師。

4. 認知：權威的力量來源

權威的力量在行銷中能產生定海神針的作用。恩惠、認同、好感這些技巧可以速成，但是權威和實力一樣，需要正確的方向、持續的努力才可獲得。在我們出發之前，我想再談談權威的力量來源。

二〇二〇年我準備裝修新房，這個領域我是完全的小白。為了家人有一個舒適的家，我和大多數人一樣，奔走於裝修公司、施工現場、建材市場。一個月後，我徹底放棄了自己裝修的打算，轉而諮詢專業的設計師。我約見了不下十位設計師，其中一位來自某音 **APP** 的設計師給我的深刻最印象。常規我們聊設計都是從空間格局、建築材料聊起，而這位設計師用了大量的時間了解我的家庭組成、生活習慣。並分析了現在主流家裝設計的各種優劣勢，例如開放式廚房油煙問題、三分離衛浴下水問題等。

隨著聊天的深入，權威的感覺油然而生。我已經用了一個月時間惡補大量裝修知識，但還是能感受到專業與非專業有巨大的差別。

權威的力量來源，就是專業以及專業所帶來的可信賴感。

什麼是專業？《刻意學習》（*Peak: Secrets from the New Science of Expertise*）一書中有個模型我十分認同，現代社會所需要的是T型人才，T的一橫代表知識面，就是我們所涉獵的領域，有點類似「實力」一章中我們提到的關江圈。但成功更為關鍵的，是T的那一豎，代表我們專精的領域。這一豎決定了我們的在職場的不可替代性，在行業的話語權，甚至影響人生高度。很多人終其一生努力，最終能達到的高度是可預見的。如果將大量時間耗費在與那一豎無關緊要的事情上，我們很可能一生碌碌無為。

普通人，提前布局，透過廣泛的知識面尋找到值得奮鬥的事業，然後集中精力到達一定的高度。日本有一位棒球手，他的擊球成績顯著高於其他選手，祕訣在於他只打甜蜜區的球。他將投手投出的球劃分成幾個區域，其中自己最擅長擊打的那幾個區域，被他稱為是甜蜜區，只有當來球屬於甜蜜區時他才揮棒。高手，只打高價值的球。

就像那位設計師一樣，在專業上精進後，他呈現給我的是可靠的感覺，用俗話說就是靠譜。可靠的人給人安全感、信賴感。不要小看這些感覺，這是權威發揮作用的祕密，我們稱為專業的人，附帶的結果就是，別人開始信賴我們，開始認同我們的權威性。

早些明白這個道理，能摒棄一些感性的煩惱，一切和專業不相關的事都不重要，如不必要的酒席、非重要的會議、沒關係的人。尋找到能發揮自己才能的領域，刻意練習，成為前百分之一的選手，成為專業的人。只有專業的人，才配得上持久的權威。

第十章　承諾與一致法則

人們希望與自己過去的所作所為保持一致，讓對方主動做出承諾。

1. 保持一貫性：綁架你的思維

人是很固執的一種生物，特別是越老越固執。

別急著辯駁，這並不是一件壞事。固執其實是人腦節省能量的一種方式，想想，如果你每天都要認真思考諸如衣服穿什麼、早餐吃什麼、用什麼交通工具去公司這樣瑣碎的問題，大腦不得累死。通常情況下，我們依靠以往的經驗對當下的事情做判斷，這一點都沒錯。過往正確的事情，未來很大機率依然是正確的。固執，並不是一件壞事。

但過往所謂的「正確」，有可能只是一個虛幻的想像。

正是利用了人們對於固執以及過往自己的錯誤認知，在「成交」原則中有被稱為「承諾與一致」的法則。當我們做出某項承諾（朝希望的方向已經邁出第一步，以及承諾會符合自己身上的標籤）後，會產生要與過去保持一致的希望，這時候，行銷人員就能達成成交的目標。

我們先簡單看看兩種使用「承諾與一致」原則的技巧。

第一種方法是「入門法」，就是一種利用人類固執的本性，步步引導、逐漸影響的一種手段。如果唐突地要求對方幫一個大忙，通常會被拒絕；從小忙、容易被答應的請求開始要求對方，就可以提升成交的機率。當我們想要某人做某件事時，最關鍵的是，讓他朝著那個方向走出第一步。電話銷售經常使用「入門法」，行銷人員並不會一開始就提出簽約的請求，而是從閱讀一篇文章、轉發一個活動、參加一次討論等你並不會特別反感的事情入手，逐漸引導消費者入局。

如果沒有步步為營的機遇和時間使用「入門法」，行銷人員會使用第二種方法，叫做「標籤法」，這種方法將人放進某個角色模型中，然後期盼他表現出該角色的行為。行銷人員會貌似客觀地給消費者一個定位，但這個定位往往和行銷目的相關。

例如保險銷售員會告訴你，您是一個關注健康的人，是一個關心家庭的人，是一個有責任有擔當的人。乍一聽沒有任何問題，都是正面的描述。這樣會得出一個顯而易見的結果：當一個既能保障家庭健康又展現你男子漢自認感的保險品種出現時，你會拒絕嗎？如果從保險本身出發，你肯定會拒絕，但是基於人固執的本性，再加上已經被雙方所認同的你的「優點」：你是真心想要表現出自己是個有責任感的男子漢，被這樣的想法綁住，於是做出符合銷售員期待的行為。

要將某人放進某個塑造的角色模型時，最簡單、最有效的方法就是口語暗示，例如「身為這方面的專家你應該……」並且消費者往往沒有意識到這是外界強加給他的，他還以為這就是他內心的真實寫照！

一九六四年春，兩位心理學家在舊金山的一所學校開展了一場驚人的實驗。實驗出自羅伯特．羅森塔爾（Robert Rosenthal）和利諾．雅各布森（Lenore Jacobson）的設想，他們試圖揭示，在學生最初的智力和十幾年的學校教育外，學業有成的祕方還包括其他因素。

這個實驗學校被化名為「橡樹學校」，實驗者假稱想要調查研究哪些學生成績在來年會「突飛猛進」。事實上這所學校的學生們智力相當，表現也大多符合所屬的年齡。實驗者唯一做的事情，就是隨機選擇了一些學生，告訴老師（並沒有告訴學生）這些學生的智力在來年會「突飛猛進」。第二年，實驗者回到學校進行測試，發現那些被貼上「突飛猛進」標籤的學生，智力確實要高於普通水準！

這個實驗生動地解釋了「標籤法」的作用，背後的祕訣是：在那一年中，老師們無意識的會表揚「突飛猛進」學生，還會投入大量的時間和精力，確保孩子們朝著正確的方向發展，不辜負「突飛猛進」標籤所寄予的厚望。

情感中，使用「承諾與一致」的場合更加多。現在主流平臺上，「情感類」的話題，什麼「×××情感課堂」，往往從受害者的角度出發，開導受害者要善良、要放下、要朝前看。但這無法讓受害者成長，頂多是在悲傷中能聽到更多同病相憐的人，心裡好受一點罷了。

想要真正的解決問題，我們要分析加害者使用的手段。承諾與一致就是他們應用嫻熟的工具之一。渣男用這個辦法引導受害者，用「入門法」引導受害者做出越來越大的犧牲，用「標籤法」強迫受害者做出違背本意的行為。

後文，我們就詳細介紹他們是如何使用「承諾」法，歡迎來到「高大爺情感課堂」。

2. 承諾與一致：做出正確的選擇

不知道從什麼時候起，情感類的直播、影音、文章成為互聯網的主流。什麼「只要一招就讓男人被迷住」、「那些年我沒有告訴男孩的把妹絕招」，還有冠冕堂皇的各種搭訕學、PUB學院，給我一種感覺，如果我要走上邪路，一定會非常順利。

這個領域不需要你有多高的專業背景，也不需要學校給你頒發「馭男高手」的文憑，有個心理學背景已經讓人覺得「哇！這一定是專家」。這個領域也不需要你有多深的研究，不講究科學實驗，不講究隨機雙盲，也不講究準確答案，畢竟「感情的世界沒有對錯」。

所以，我也做一個嘗試，教教那些學校沒有人教的情感技巧。我比較好奇的是有一些人明明是渣男、渣女，但是對方依然不捨得分手？還有一些人怎麼能做到讓對方做什麼對方就做什麼，俗稱「調教」。這些人到底是怎麼做到呢的？請關注「高大爺情感課堂」。開玩笑的，情感問題非常複雜，而且沒有最終答案，我只能從我的角度去分析一下，承諾與一致，我想從這個角度能很好解釋這個問題。

我們先不說情感的問題，先說一些其他的場景。

你有沒有碰到這樣情況，走進一家裝潢得不錯餐廳，坐下後發現菜單上的菜貴得離譜，但礙於大腦深處不知道什麼機制在發揮作用，硬著頭皮點了個五分熟牛排，吃得一臉懊悔？我發現自己有過一次這樣的情況以後，就特別想知道為什麼我會這樣。我採用的方法比較極端，就是多次強迫自己走進一家餐廳，看完菜單以後說「不好意思我看錯店名了」，然後徑直走出去。

在多次作死以後，我發現了自己心理上一個有趣的變化，就是選擇餐廳也好，選擇禮物也罷，其實作祟的並不是選擇的目標，而是自己內心那種「一開始是你選擇後來你又要反悔」的心理阻擋了自己。那首歌怎麼唱來著，「當初是你要離開，離開就離開，現在又要用真愛，把我追回來」的糾結心理才是我們選擇之後反悔，卻又無計可施的最大阻礙。

可以這樣描述自己內心的變化：我們先做出了一個這家餐廳感覺還不錯的承諾，發現五分牛排真的不好吃之後，懊惱不已，但依然希望自己保持一致的吃下去。

這就是承諾與一致的意思，我們經常會碰到或者被設計的碰到這樣情況，所以真的值得我們注意！

首先要說的是，承諾與一致本身是一個很好的特質，有這個機制其實是人類演化的選擇。我們之前討論過「因果理論」，人們都希望做事情是有因有果的，但這個不一定是原始人一開始就能認清的希望。在農耕之前，原始人看著天上打雷地上洪水，可能並不會產生這是因為地球自轉加上大氣運動導致的。農耕之後，我猜想一代又一代的人類才開始被教育，我們做的事情是延續且有因有果的，春天播種了秋天就會收穫，在這樣的反覆教育過程中，人們逐漸產生了有因就會有果的思想。而這樣的思想又會讓我們產生一種希望做到現在的行為與過去的行為一致的願望，這樣我們才能對自己的行為因果有解釋權，才能確保自己的行為是正確的。

但是很多情況下，由於時間、地點、背景的變化，我們還沒有發現，依然保持著以前的做法，就非常的危險了。我們再回到前文中提到的情感話題，那些渣男渣女在一開始的時候都表現得特別好，送花、送禮物，天天社群網站放閃，一旦過了甜蜜期，就不再熱情。但是另一半已經被之前的行為所迷惑，做了粗淺的判斷「這個人應該還不錯」，也暗下決心要墜入一場海枯石爛的戀愛，並用行動表達自己保持一致的想法。可是，你也知道，天長地久的只有黃金，哪有什麼海枯石爛的愛情，這樣的故事結局多半是給世界多造了一個怨人。

所以，當環境變化後，你依然保持著自己之前的判斷，做出一個自己沒有深思過的選擇，這個時候你要警惕了，大腦深層次已經代替了皮層大腦替你做了選擇。不想做情感上的怨人，就要正視自己的心理變化，反覆從餐廳走出來聽起來很滑稽，但是很多人就是反覆坐在自己不喜歡的餐廳裡，吃著從來沒有對過胃口的菜。

3. 承諾：心口一致在作祟

「妳的手好冷，我幫妳溫暖一下吧。」渣男漫不經心地說出心裡醞釀了很久的話，成功牽起女神的手。這已經是第一百個成功的案例了，渣男心想，我要出一本書，就叫做《你牽不起的手都怪你太笨》。

「你是一個體貼的男人，我不值得你投入那麼多！」渣女用眼角偷偷瞄了一眼對方，果然，他關切的眼神已經出賣了他，這個卡地亞的手鐲馬上就可以戴在手上了。

「我們在一起那麼久，你還不知道我是什麼樣的人嗎？我怎麼可能做出這樣的事？」渣男、渣女異口同聲地說出口，這句老掉牙的話卻總是能立刻讓對方打消疑慮，屢試不爽。

以上種種，如果你碰到了，不代表你遇到了渣的人，而可能是遇到了一個懂得使用「承諾與一致」的心理學高手。他在你的心裡建造了一個合理的坡道，然後只需要順著這個坡道，就能到達他想要的終點。

每個人都有一種希望做到現在的行為與過去的行為一致的願望，這是一個良好的特質。這個特質來源於我們希望對自己行為因果有解釋權，有掌控力度。很多時候你並不知道為什麼自己做出了一個自己沒有深思過的選擇，通常就是因為，大腦深層次已經按照過去的你，做出了當下的選擇。你的大腦是這樣想的，過去的我做出了承諾，這個承諾是我深思熟慮過的選擇，也有可能只是情感衝動下的決策，在沒有其他變化下，我應該保持自我。

當雙方感情已經進入一種合理的坡道後，承諾與一致能發揮巨大、持久的效果。如果僅僅是在感情上應用，這個武器的威力還不足以完全發揮。但當商業行銷發現了這個祕密，就像打開了一扇任意門，他們應用這個法則進入任何一個他們想要進入的領域。

超級市場是最早應用承諾與一致這個原則的，當你進入超市，看到那些烤得滋滋作響的牛排，店家已經成功了一半，接下來，銷售員只需要引導你，感受這塊肉在你嘴裡，然後進入你的大腦，讓你產生一種我既然都嘗試了，那一定是美味的，就應該買一些回家，好避免被人認為是心口不一的人。

雖然我沒有了解過商場的試吃員是怎麼接受培訓的，但除了煎牛排要煎得好吃以外，應該還有話術的引導，例如：試一小塊剛剛煎好的牛排吧；怎麼樣，口感是不是很剛好；可以買一些在家裡煎也很方便等，還有最關鍵的一句——你都嘗過了，就知道這個牛排品質一定很好。其實這時候冷靜想一下，煎好牛排還要配合廚師的技巧、佐料。你吃到的不代表你就能做到。但是既然你已經做出了承諾（試吃了一小塊），就不得不堅持自己是正確的。

這裡有兩個心裡特徵：一個是當你嘗試一小塊的時候，這是個很小的決策，小到你只需要開開口就好了，這種被稱為入門策略的技巧廣泛應用於各種銷售場合，例如保險、汽車等等。不要小看商人的入門策略，他盯著的是你鼓鼓的錢包。如果一開口就讓你購買來自澳洲的頂級牛排，你是根本不會考慮的。但是讓你嘗一小塊，似乎沒有什麼太大影響。二是人們總希望自己是正確的，這種正確還包含連貫的正確，就是過去的我和現在的我應該是一樣的，我們不能接受過去的我做了某個愚蠢的決定，更不能接受現在的我去改變過去的這個愚蠢的決定，雖然時間一長，你會發現那真的是個愚蠢的決定。

我第一次買車的時候，就被自己的愚蠢害了。買車前我清楚知道自己需要一輛大空間的 SUV 車，但是在試駕某汽車之後（每款車都有它的優點，只能說不適合我），成功地被銷售人員用承諾＋稀缺的招數降服了，先是引導我說試駕一下緊湊型 SUV，之後逐漸引導我到緊湊型 SUV 的省油、靈活上，從摸到方向盤的那一刻，我就知道我完了。開了兩年以後，我終於承認過去的自己就是個大傻了，我想要的是一個大空間的 SUV！

透過引誘消費者做出某種聲明，使消費者陷於某個立場，然後採用遞進的方式逐步達成目標。這就是承諾武器發生作用的機制。這個工具需要商人有一些策劃：設計好坡道，從最小的入門策略開始，讓過去的顧客說服現在的自己，可以結合標籤法、不變法、沉默成本等承諾策略，最終達成目的。

4. 言行不一：有時候也善意的謊言

我以前有個上司，她是個倔強的、不喜歡變化的職場女人。她有多倔強呢？比如一個活動企劃方案，我們第一次策劃是在大年初一，活動時間是當年的十月分，她一定會堅持大年初一的方案；比如有一個活動是要在H市舉辦，那就算地震了，我們也要如期開辦。她對規劃好的事情，不希望做任何調整，哪怕中間發生了變化。

當然，當我聽到要如期在國慶日舉辦會議的時候，我還是有點吃驚的，世間哪有如此始終如一的人？

人是喜歡熟悉的事物的，特別是隨著年歲的增長，學習新知識要付出的代價越來越大，人們就更傾向於待在原來的環境裡。那麼如何說服始終如一的人？

思索了一段時間後，我決定用以下方法來改變局面。

◆方法一：標籤法

既然對方不願意改變，那我們不妨順著對方的邏輯，按照他的特點給他標籤，表明對方的個性、態度、信仰或其他特點，這裡要注意，如果想效果最大化，最好公開的貼上標籤。例如：王總真是一個豪爽的人，那我們就乾脆點，今天把合約簽了。前半段貼標籤，後半段順勢提出自己的要求，讓對方既無法反駁你的判斷，又不能拒絕你判斷下合理的要求。這種情況下，王總不會說「我其實不是一個豪爽的人，我特別難搞」。

「貼標籤」的方法，簡單好用，培訓一下就基本能學會。很多職場的老鳥、資深的推銷員都善於給人貼標籤，來達到自己的目的。通常我開會的時候，一聽到某人說「高總這樣追求卓越的人，一定……」，我會立刻本能地反應「不要給我戴高帽了，我們就事論事」。

看到了吧，貼標籤的方法內含「社會認同」和「承諾一致」兩大影響力原理，威力巨大。

◆方法二：入門法

當我們想讓對方從A點到B點時，最難的部分，是讓對方往你希望去的方向走出第一步。有了第一步，後面的很多工作是水到渠成。在生活中、戀愛中、職場中、商業中，入門法往往都是引誘人改變的第一件事。

怎麼做到的呢？你稍微留意一下日常的對話、行為，就會發現大量的包含入門法的策略，例如一鍵下載一個APP、三十秒看一段短影音、試吃一塊香噴噴的牛肉等等。無論對方試圖用情感、利益、簡易任務希望你做出一個微小回應，你都應該思考一下，這個簡單的任務，背後的路有多長，坑有多深？

透過高頻率的小交易行為促使最終的大買賣，原理是首先讓人透過小小的承諾塑造自身的形象，透過這種形象的確定和大眾的關注又會反過來作用於人自身接下來的行為。所以重點不是這個小交易，而是這個小交易樹立的你的形象，這個形象很可能是對方希望塑造的一個通往大買賣的坡道。

大部分人都是透過行為來判斷自己，當行為出現，不管之前是什麼考慮，人們都傾向於保持和當初一致的承諾，來證明自己的行為是正確的，證明自己是理智連貫的。其實你不知道的是，所有的行為，是早已經寫好的劇本，你不過是無察覺地扮演了其中的角色而已。

◆方法三：代價法

即使透過標籤法、入門法成功地讓對方做出了承諾，但這種效果往往是短暫的，一旦對方稍加思索，就明白自己當下的行為其實不是真實的選擇，特別是當已經付出代價的時候，這個代價哪怕一個積極承諾，或者小小的押金，都很容易讓已經邁出的一步又撤回來。

這時候，店家們怎麼能忍心到口的鴨子又飛了？多次試驗後，他們驚奇地發現，如果在對方做出承諾的時候，適當提高當時的代價，這個承諾的效果會加強。例如：當你決定要買一輛車的時候，五萬元的定金和五百元的定金，哪一個放棄的難度低？如果你變心了，你可能會說五百元的定金不要就不要了，但是假如你已經刷了五萬元的定金，你會不會想另一款車其實也沒那麼好，訂的這款也有優點……矛盾的心理下，汽車行的人只要略施小計，你就乖乖地束手就擒。

這就是代價法的驚人威力，這個辦法能綁定人的思維一段時間，讓人沒有辦法做出其他的選擇。

日本的著名的文學家川瑞康成有過一段很著名的對白，有人問他，如果鳥不叫怎麼辦？他回答，那就等牠叫。從這個對白能看到我那個曾經的女上司的影子。川瑞康成取得了很高的成就，我那個上司也憑著堅毅不拔的特質得到了提升。所以，承諾與一致的特性是個優點，是人類演化出來的優勢。

你想像一下，一個言行不一致的原始人，怎麼可能有後代能延續下來？今天是一個嚴肅生活認真打獵的原始人，明天又變成了一個嘻嘻哈哈遊戲人生的原始人，估計很難生存下來。承諾與一致刻在我們的基因裡，是老一輩人教育下一代人最常見的品格，是我們日復一日重複塑造的特性。這種特性幫助我們生存，但也容易被人利用。

所以，如何說服始終如一的人？我的態度是，最好還是用實力、真情來改變對方，以川瑞康成為榜樣，用堅韌不拔的力量獲得持久的改變，才是王道。

第十一章　短缺優勢法則

某樣東西越稀少，人們就越想要。物以稀為貴，損失是稀缺的終極形式。

1. 短缺：一種立竿見影的影響力

有一句諺語這樣說：「人生中最昂貴的東西，永遠是你缺少的那一件。」這個狀況在行銷時非常常見，機會越小，對我們的價值似乎越高。限量銷售的商品、即將售罄的商品總是能準確擊中我們的心，但我們很少思考，是因為價值獨特我們想要，還是因為短缺導致我們想要？

這一章，我們就來探討關於短缺的話題。

如果這個世界所有東西都能做到一一對應，你想要什麼就有什麼，想買什麼就買什麼，想放鬆就買機票去老城廣場餵鴿子，那我們還會被短缺困擾嗎？另外，如果我們想要什麼，就能找到什麼，是不是就能避免出現短缺？如果我們能發明永動機，源源不斷產生能量，是不是就能徹底解決能源「短缺」的問題？

不要覺得不可思議，對比起其他人類事業發展，解決能源問題可以說是全人類頭號夢想，物理學家認真考慮過這個問題。熱力學第一定律問世後，人們了解到能量是不能被憑空製造出來的，所以永動機無法實現。物理學家很聰明，很快就假設，能量雖然不能憑空產生，但我們可以從大氣中、宇宙中吸取熱能，將這些熱能作為動力驅動永動機的源頭，不就成了嗎？這種永動機被稱為第二類永動機。物理學家馬克士威（James Clerk Maxwell）於是提出一個模型，假如有一個能區分單一分子速度的妖怪，暫時叫牠「馬克士威惡魔」，牠就像門衛一樣，讓跑得快的分子能通過，跑得慢的分子被阻隔。這樣，牠所看守的門兩邊就會產生溫差（分子運動快即熱，分子運動慢則冷），如上文所設想一般，我們就能持續地依靠這個溫差對外做功，第二類永動機成了！如果這隻小妖真的能被造出來，人類衝出銀河系指日可待。

不幸的的是，這隻小妖夭折了。1929 年匈牙利物理學家利奧・西拉德（Leo Szilard）指出：「馬克士威妖」在獲取資訊時，也會消耗能量，因此這類永動機也不可能實現！

能量無法憑空產生，獲取資訊也會消耗能量，衝出銀河系看來要尋找其他辦法。但我們至少認清現實，我們的需求不可能全部被滿足，我們也無法獲取全部資訊。短缺，是真實存在並且很大機率常常發生的，我們會一直處於短缺的狀態。

這時候有人會想，那我們是不是降低欲望就可以了？知識有時候是一種詛咒，了解的越多，想要的越多，短缺也就應運而生了。怎麼辦？老子也意識到這個問題，提出解決方案：

「不尚賢，使民不爭；不貴難得之貨，使民不為盜；不見可欲，使民心不亂。是以聖人之治，虛其心，實其腹；弱其志，強其骨。常使民無知無欲，使夫智者不敢為也。為無為，則無不治。」

「無知無欲，為無為」似乎就能解決短缺的問題。但這與我們常識相反，人如果沒有夢想，和鹹魚有什麼區別呢？

老子《道德經》是統治階層的枕邊書，寫的是怎麼讓別人無知無欲更好管理。他沒有解釋統治者自己怎麼應對短缺的情況。換個思維我們可以這樣想，短缺恆在，但如果我們什麼都不做，脫離了成交場景，短缺就沒有意義。你不會為你不需要的物品付出代價。

短缺客觀存在，而且常常發生，連老子都意識到這是很大的一個問題。這就給了行銷者操作空間。後文，我們將探討行銷時如何合理應用短缺的力量，達成成交。

2. 稀缺：物以稀為貴

二〇二〇年的春天，一場浩劫席捲全球。

一個月的時間，全世界人民都被科普了什麼是新冠肺炎、飛沫傳播、N95 口罩、醫用外科口罩……今天的故事，我們不聊疾病，聊聊口罩。

口罩，顧名思義，是罩住口的一種裝備，同為罩家族，這個罩發展的顯然不如另外一種女性熟知的罩出名，畢竟那個品類已經有「維多利亞的祕密」這樣的有文化內涵的品牌。反觀口罩市場，還是一片狼藉，雜牌滿天飛。二〇二〇春節之前，我一個口罩的名詞都說不出來，僅僅是過了一個年，什麼N95、3M、熔岩層、醫用外科是手到擒來。一個產品的爆紅，是這個產品的家族成員開始被廣泛認識開始的。

各國各種行銷策略也出來了，如短影音口罩講解，普及知識的同時賣口罩；如分期付款口罩，預付一年的費用享受恆定的口罩價格；如群眾募資口罩，大家湊錢去購買大批量的口罩。讓我見識了市場人這幾年的進步。

造成這些魔幻事件的原因其實很簡單，就是「短缺」。

我們定義一下短缺，短缺不是稀缺，口罩並不是稀少高價值的產品，只是一時間由於需求暴增導致供應不及時，產生的缺口。短缺也不是緊缺，因為緊缺的東西往往意味你無法匹配，如特斯拉、噴氣飛機、郵輪，你緊缺只是因為缺錢。

而我想要說的短缺，主要是三種，歡迎對號入座。

◆第一種，物以稀為貴

我們必須承認的是，有些東西在一定範圍內，並不是一一對應的。就像一架噴氣飛機只對應一個億萬富翁，一輛特斯拉只對應一個百萬富翁。或者說幾乎所有的東西，在一定範圍內，都做不到一一對應，除了空氣、水、大自然。這就造成了短缺。

你會發現，這個世界上有很多別人享受了，而我就沒有辦法擁有的物品，比如說黃金地段的房子、說限量款的手錶……這些東西因為成本的原因，導致你需要付出相對應的代價才能獲得。

所以第一種短缺擺在你面前，其實是不同的選擇擺在你面前。你能忍受一年不吃不喝買一輛特斯拉嗎？你能一個月不吃不喝當火山孝子嗎？你能接受用黃牛價格買口罩嗎？這些選擇在你。

但是，短缺永遠存在，物品與你之間的關係，其實沒有必要強硬揉在一起。不是經常有人山寨巴菲特的話說「你想擁有一件東西最好的方式是配得上它」，情感專家也常常教人「放手也是一種愛」。但是，終其一生不斷捨棄、不斷追求的人，會很累。

◆第二種，獨特的價值

店家聲明某間物品有獨特的價值，其他都無可替代，而這價值往往是虛無縹緲，如忠貞的愛情、永恆的回憶等等。我一說這個，好多女性就準備拿爛香蕉皮扔我，那就是鑽石。大家知道，鑽石的探明儲量是很大的，但為了讓市場保持一定的緊缺，大莊家們選擇控制開採量。所以鑽石的價格往往被裹藏在切割技術之下，與它真實的價值毫無關係。

我不是說鑽石就沒有價值，而是說它的價格和價值關係不大。鑽石的價格需要大量的行銷推廣來維持，要在每一對戀人心目中穩固「鑽石＝愛情」也是需要高昂成本的。儘管大家都知道這是一件皇帝的新衣，但是在找到更加好的替代品之前，鑽石無疑是唯一的選擇，既方便時時拿出來證明，又有著討人喜歡的光澤，關鍵是價格還不斐，滿足人們「貴重＝高品質」的慣性思維。

一切說不清道不明的事，其實都有可能被獨特的價值所捆綁。健康就是一個很好的例子，人太複雜，沒有人知道自己的心理和身體狀況到底是怎麼樣，這就給很多健康食品、保健儀器「短缺」的空間。他們聲稱能改變你身體的能量，最後多半是改變了你錢包的品質。那些打著祖傳祕方、**FDA** 因為神奇療效封禁的健康產品，最好還是離遠一點，畢竟身體好不好可以鍛鍊，但智商好不好無法被人輕易就發現了。

另外，像一些特殊的服務，不要想歪了。我是說類似月嫂、紅娘什麼的服務，店家要加速成交，人為創造短缺是很常見的手法。例如交錢就能提升配對率；好月嫂必須提前半年約。這些完全不顧大市場規律的行銷手段，其實是很容易被察覺的。

◆第三種，失而復得品

陳奕迅〈紅玫瑰〉有句歌詞，這樣寫「得不到的永遠在騷動，被偏愛的都有恃無恐」。這就是人普遍難以克服的一種心態，因為損失厭惡心態，大部分都不想到手的東西又失去。但是一旦某件東西曾經擁有，又失而復得，人們就會潛意識認為這是短缺的，執迷於長期擁有它。

很簡單，那些充值的影音網站，一切引誘你試用然後需要續費的產品，都是在利用人們失而復得的心態。其實後面就是一個程序，今天高興了讓你試一試，天氣不好就關了，過幾天又讓你爽一爽，久而久之，你就沉溺在擁有的幸福裡。

這種短缺甚至稱不上是一種短缺，從上面會員的例子你就看的出來，它只是對你自己來說是短缺的。只是因為人們對失去一樣東西這種感覺的厭惡，所以誤以為是短缺。這種心態很好理解，畢竟已經出現過一次自己不擁有這個物品的狀況，那麼它的流逝很可能會再次發生，為了不要再面對那種丟失後的心態，我們傾向於認為這個東西是短缺的。

人們都有這種維護既得利益的衝動。換而言之，如果你想去愛一樣東西，就是意識到它可能會失去。

今天的主角是口罩，聊的是短缺的原理，再跟朋友們聊天，就不僅僅停留在「哇！現在口罩好貴」。你還可以順便分析一下，生活中哪些東西是真正是短缺的，哪些東西只是看起來短缺。

3. 如何應對稀缺：打破跟風思維

「快搶！要沒有了！」

二〇〇三年的 SARS 期間，鹽、醋、板藍根被恐慌的人們哄搶一空，有人說直到二〇〇七年金融危機才吃完四年前屯的鹽。

二〇二〇年的新冠肺炎，又導致口罩、額溫槍、雙黃連被同樣恐慌的人們哄搶一空。

還有更加魔幻的事情。

前幾天我看一則新聞，說人類本質上是互通的。一旦發生什麼事情，全球人民不約而同地都會去搶衛生紙。這個事情確實匪夷所思，無論發生海嘯、瘟疫、戰爭，哪怕是競選失敗，都有人要喃喃自語地說：「嗯，是時候屯點衛生紙了。」

有一則新聞更是承包了我一天的笑點，說香港一家超市，早上準備開門的時候，被人持槍搶劫了一大箱衛生紙，損失高達一千港幣。我本來沒有打算嚴肅對待這個搶衛生紙的行為，直到這個新聞發生，我才覺得，一定有什麼因素在背後作祟。

哄搶某件東西，到底是怎麼開始的呢？

我們設想一下，假如現在平安無事，你去超市頂多按照中午吃什麼、晚上吃什麼規劃一下，買一些最近快用完的物品，然後就回家。

但是有一天你進到超市，突然發現人人大包小包拎著，貨架上想買的東西空空如也。特別是什麼泡麵、衛生紙等貨架，除了價格標籤什麼都沒有。你會怎麼想？

寫到這，我設身處地的思考了一下，有三個因素可能會造成這些東西被哄搶。

◆第一個因素，是資訊

那些透過各種媒體管道傳到你大腦中的資訊，例如口罩、衛生紙、鹽等常用品「可能」會出現供應不足，注意這裡是可能，很多不負責任的媒體人會把道聽塗說的資訊，加上可能兩個字就大肆渲染，但人們閱讀的時候又很少注意到這個「可能」代表的意思。例如：爸爸媽媽的長輩群組裡，那些「絕密」新聞，就像這個消息全世界，只有這個一百二十七人的歐吉桑（歐巴桑）群組知道。這些消息往往還有一個慣性，就是一段時間內會達到峰值，再加上人的注意力陷阱（就是你越關注什麼，就發現什麼的新聞越多，形成一種正向加強），導致這些資訊逐漸累加以後，你居然從嗤之以鼻到信以為真了。

這些消息說白了就是「製造恐慌一誘發行動」，透過歪解一些消息，製造一個虛偽的假象，通常是某件物品有什麼功效（口罩能阻擋飛沫傳播，這不是廢話嗎），少部分人已經知道了（這個一百二十七人的長輩群組屬於比較早知道的，但前面有人更早就知道了），市場上開始供應不足（至於是為什麼供應不足，大多以產能不足一筆帶過），再晚去就搶不到了（這時候寫作的功力就顯現出來了，高手往往前面做得足，這個結論會呼之欲出；新手往往還要再引導一下，恨不得鑽出手機螢幕揪著耳朵告訴你），最後，再放一個連結，一篇有生產力的新聞就出爐了。別問我為什麼知道，問就是我分析過。

大多數人這時候就坐不住了，想著看了這個新聞，我總得做些什麼，不做什麼好像對不起社會，於是拿上包，直奔超市而去。這幾年網路購物越來越方便，直奔超市的人大部分還有最後一絲理智，那就是家裡屯的貨實在太多了，這次一定要眼見為實。

這幫同時獲取了消息，認為自己是天選之人，從無數個「××公園舞蹈團」群組裡走出來的人，在一家平平無奇的超市裡面碰面了。

◆第二個因素，是「人」

這裡要解釋一下，我反覆提到的這個一百二十七人長輩群組，只是一個代稱，還有什麼「×××網遊天團」、「××我最酷」、「××帶貨大家庭」也不會倖免，群組性質都是一樣的，只是人不一樣。這些消息，稍微隱藏得深一點，稍微引用幾篇學術論文，稍微加幾個行業大咖斷章取義的話，不同層級的人都會被誘發行動。這時候，我就感覺某些有錢人水準不高是有道理的，畢竟只要你會文字，就有被文字控制的條件。

好的，我上面聊到這幫有奇妙緣分的人，走到了同一家超市裡，他們面面相覷，不知道對方為什麼而來，但是隱隱覺得來者不善，因為大家都推著手推車往同一個區域走去，越走越快，直到有一個人開始跑了起來。老老少少都奔著衛生紙區域（這個主要取決於那段時間網路上炒作的是什麼，也有可能是泡麵、紙尿褲、鹽巴等）衝刺，第一個到的以迅雷不及掩耳之勢塞滿了自己的手推車，第二名也是，直到那個最不幸的人，他到的時候貨架已經空空如也。

我想到了之前文章所提到的短缺原則，這個原則的觸發和加強，在於如果你希望得到的某樣東西，是資源有限的，同時，你發現了明確的競爭者，這個時候，人們傾向於儘早下手，以避免自己陷入失去後悔的境地。

正如上篇文章所講，幾乎所有東西，在一定範圍內，都做不到一一對應，除了空氣我們可以共用外，短缺是一個時間段內必然發生的事情，只要當下的需求超過了供給，就會出現「資源有限」的情況。而這個時候，假如你發現了一個和你有相同目標的競爭者，資源的搶奪就進入倒數計時，倒數計時的結束是其中一方獲得所有權。

◆第三個因素，是「事實」

上面那個最不幸運的人發現貨架已經被搶空了，開始悔恨為什麼跑得慢、停車太久耽誤了自己，然後為了告誡自己的親朋好友，拿起手機，拍下了一張貨架一空的照片，發在了群組裡。

這個真相在一段時間內成了組成第一個因素「資訊」的一部分，加強了資訊的可信度，一場貓追尾巴的遊戲就開始了。

這裡分析一下，為什麼紙巾的炒作效果總是特別好呢？我覺得主要原因是衛生紙體積大，但價格不高，大部分超市只有小小區域堆積，而因為體積大，貨架上能堆的貨就有限，這樣一搶起來，可以說是最不禁搶的，對比起其他貨品來，更容易出現被搶的「貨架一空」的表象，如果是什麼牙刷、毛巾等體積較小的物品，就很難拍出那種「你看，已經被搶空了」的照片。

搶衛生紙在一些人看來似乎有點太低級，但是我們看看那些自認為智商很高的人群，在搶限量款包包、簽名版吉他、客製化跑車的時候，又高明多少呢？只是文案包裝得更華麗一些，廣告做得更持久一些，教育做得更深入一些罷了。

寫到這裡，我不禁環視了一下自己工作的環境，五彩繽紛的非主流滑鼠、敲起來有清脆迴響的黑軸鍵盤、超長加寬不傷眼的螢幕、坐著的帶透氣旋轉功能的工作椅，哪件不是自己看了廣告以後產生的錯覺呢？我還好意思寫以上的文字，當時興沖沖熬夜等雙十一凌晨紅包雨的自己，何嘗不是芸芸眾生之一呢？

所以，我決定從今天開始，以一己之力對抗整個行銷界，這個很難，因為行銷界引以為傲的就是它契合人的本能，所以我是以一己之力對抗人類本能……好了，牛皮就吹到這。

為了對抗這種力量，我們需要時時審視自己的生活，一旦我們想要獲得某件東西時，就應該問自己，我們是真的需要使用到這樣東西，還是只是想擁有它。如果我們爭先恐後地購買了一件物品，但是卻對生活沒有任何幫助，並且在未來也無法發揮價值，那這樣東西很有可能就是一個虛假的短缺品。

更深層次來說，我們要意識到，人赤裸裸地來，已經帶著一切生命所需品了，除了生命和時間外，我們並沒有真正短缺的東西。

4. 製造短缺：探索客戶需求

短缺是事實，人們也很容易產生這樣的想法：獲得一樣東西的難易程度常常與品質成正比，人生中那些越珍貴的東西，越稀有，例如黃金和鑽石。另外，但一項物品很稀缺時，是不是有可能其他人也很喜歡它，既然大家都想得到它，那他一定很好！再加上，人們對失去某種東西的恐懼，似乎要比對獲得同一物品的渴望，更能激發行動，當我們意識到有失去某樣選擇的時候，我們就應該立即搶購這個產品。

既然了解短缺的原理，行銷時就能製造場景，讓「短缺」發揮更大的作用。

《紐約時報》曾提到一種基於「短缺」的電話騙局，這種騙局由三通電話組成：第一通電話推銷者會包裝自己，例如自己代表一家聽起來值得信賴的機構，吸引客戶對專案感興趣。第二通電話就包含推銷的手段，推銷員會吹噓這個專案能賺到多少多少錢，但接著告訴客戶，這個專案已經不接受投資了。關鍵的第三通電話來了，推銷員會說幫客戶爭取到一個參與這個專案的機會，但是時間緊迫。往往還會一副上氣不接下氣的樣子，告訴客戶自己費了很大工夫才有有了這個「機會」。作者寫到，推銷員在客戶眼前掛上一根紅蘿蔔，然後又把它拿走，目的是讓人不假思索的投資。

讀者很容易就能發現，騙局的關鍵就在於：被製造出來的「短缺」。製造「短缺」甚至不用見面，一個文案就能引導消費者進入狀態。

接下來，我們就談談如何製造「短缺」。

◆製造「短缺」的第一步，是選擇合適的目標

像常見的食物、服飾、生活用品很難引起大家「短缺」的共鳴，工業化大生產的產品意味著成本、價格下降，也意味產品獲得的難度也在下降，並不能作為很好的「短缺」目標物。

好的目標物最好具有獨特價值，有一定空間或時間上的不可替代性。很多人以為大紅袍是紅茶的一個品種，但被公認的大紅袍，僅產自於中國福建武夷山九龍巢岩壁上那六棵茶樹，最好的年產量也不過幾百克，現有市面上的「大紅袍」基本是母株扦插所產。一九七二年尼克森訪華時，中國政府也僅贈送四兩大紅袍母株茶葉。因此我們對大紅袍的高價就不為奇怪了。大紅袍就是一個很合適的目標。這個世界上有一樣東西是真正獨一無二的，就是每個「人」。人也是「短缺」很合適的目標。公司核心競爭力一定

包含人的因素，投資最關鍵是投人，結婚最關鍵的也是選對人，都是在講道理。

◆製造「短缺」的第二步，是選擇合適的談判對象

「短缺」很大程度上是主觀的，換一個人可能根本不需要這個目標物。這個道理很簡單，不喜歡喝茶的人，大紅袍的故事再曲折也不會心動；不喜歡喝酒的人，頭曲和發酵技術再好對它也沒有意義。不合適的談判對象就像對牛彈琴，都不能說事倍功半，完全無法發揮效果。

市場行銷關鍵的行為之一，就是探索客戶需求。人常常無法認清自己，很多時候也需要引導，才能發現對方真正的需求。探索客戶需求最終的目標，是引導對方對目標物產生強烈的渴望。

◆製造「短缺」的最後一步，是設置條件

成交窗口不會一直存在，可以透過上文提及的時間限制、數量限制，讓談判對象產生緊迫感。如果你長期住在一個區域，就知道那些打著「最後一天馬上搬遷」的商

店，至少會開上半年才真正搬走。「短缺」的條件有時候會很被動，我的孩子在滿月、百天、半年時分別拍攝了很多照片，就是因為那家兒童攝影公司力勸我老婆：孩子的狀態一旦沒有記錄就再也拍不到了！這對於父母而言，就是一個無法抵抗的「短缺」條件。

這裡寫到的「短缺」力量，常常在談判時發揮作用。前文也提到，行銷通常包含兩個步驟：銷售和談判。銷售的關鍵是吸引，談判的關鍵是成交。短缺，屬於臨門一腳的技能，在談判對象拿不定主意的時候，短缺往往會促成成交。

第十二章　強強聯盟法則

人們願意聽從和自己在一起的人，利用身心合一和行動合一達成聯盟。

1. 聯盟：源於集體的力量

你想買一輛車，沒有什麼主見，於是你走進一間車行，汽車業務員說轎車舒適，你的朋友說 SUV 好駕駛，你的家人說 MPV 更實用，你會選擇聽誰的呢？回想一下你買車的時候，最終對你產生影響的，是誰？通常情況是，家人對我們的影響最大。我父親買第一輛車的時候就說他喜歡跑車，但是家裡人多，他不得不選擇既能拉貨又足夠家人乘坐的貨車，就是那種 1980 年代常見的前面坐人後面有個貨尾的車。直到這幾年我妹妹也開始工作，常坐他車的人只有我媽媽，他才重新想要買跑車，只是這時追求速度的想法也逐漸消退了。

這種被人忽視的力量，叫做「聯盟」，這種力量常常讓其他成交技巧潰不成軍。

聯盟最常見的方式，是透過「親情」發揮作用。從遺傳學的角度來看，血緣傳承讓基因得到延續，幫親人就像在幫助自己，這滿足了人延續基因的底層需求。不管是孩子對父母或者父母對孩子，都存在「無條件、無替代」的影響力。包括與我們有血緣關係的長輩、兄妹、親戚，都會透過「血濃於水」的方式影響我們。我妹妹有段時間做代購，我的社群網站常常被她的文章洗版，我只能在浩如煙海的日貨和韓國化妝品中，苦苦尋找有用的資訊，但即使這樣我也從沒想過封鎖她。僅僅因為血濃於水，我們就會敞開心房，甘願被影響。

華人還有一種特殊的聯盟，被稱為宗族。每個宗族都有族譜，你父親叫什麼、你叫什麼、你兒子叫什麼，族譜上給你安排得明明白白。一個個體出生後就隸屬於某個宗族，未來不管走到哪，他都會被打上這個家族的印記。華人最高的人生成就是光宗耀祖，宗族對我們的影響，植根於血液中。

還有一種「聯盟」方式，源自於血緣的認同，但與血緣沒有直接關係，是一種更廣泛定義上的「親情」，如同鄉、同姓氏、同國家等，這是一種「虛構親情」塑造的聯盟。例如我們會不由自主地傾向於信任「老鄉」，雖然知道僅僅依靠來「來自共同的家鄉」做出判斷會失誤，但對比起在茫茫人海中遇到老鄉的難得，似乎失誤也不那麼重要。

家人、親人、「虛構親情」塑造的「聯盟」，力量的源泉來自於集體感，前文我們提到基因的目的是讓遺傳物質傳承下去，與集體傳承相比，個人的意義似乎不那麼重要，模糊了個人與集體間的界線後，甚至會讓個人產生甘願犧牲自己的利益滿足集體利益的衝動。同時，集體的延續能讓個體產生安全感，雖然個人的力量不足以為道，但只要個體屬於某個集體，就能從集體中源源不斷獲取支持與力量。這種力量在關鍵時刻確實也能發揮作用。這種誘惑讓人臣服於聯盟。

後文，我們將介紹「聯盟」發揮威力的實際情況。

2. 聯盟的力量：潮汕商會成功的源泉

在中國廣東生活，或多或少你都會接觸到潮汕人，例如大名鼎鼎的騰訊老闆馬化騰、久盛不衰的香港首富李嘉誠、物流業鉅子順豐老闆王衛，這些富商都有一個共同的標籤：潮汕商人。無論是廣州，還是深圳，潮汕商會絕對是一個神祕而又充滿想像的地方。商會裡的人遍布各行各業，或者說各行各業都能見到潮汕商人的影子，無論是深圳華強北的電子界，還是廣東房地產界，潮汕人絕不缺席。

這就很容易出現一種感覺，無論你在哪個行業，要麼選擇和潮汕人合作，要麼將面對潮汕人的競爭。例如二〇一八年轟轟烈烈的王石萬科與李振華寶能之爭，隱隱約約也能見到潮汕商會的身影。與潮汕人競爭是可怕的，因為除了一般的市場競爭維度以外，你不得不考慮潮汕商人的「聯盟」體系，或者說支撐他的這股潮汕團結的力量，這是實打實的資源，能轉化為實力的資源！

我曾在廣東工作多年，也有過潮汕的老闆，展現潮汕商人特質的事情，我隨便就能舉出好多。例如在外面吃飯，喝了酒我們一般用APP叫代駕，而潮汕人可以隨時隨地，在微信群組裡召喚一個小輩過來開車。例如：有一年春節我送潮汕老闆回揭陽老家，到村裡的祠堂一下車，就有將近二十個和我老闆神似的青年人冒出來，一看就是一個家族的，潮汕商人不會有人力資源的問題。又例如：我曾在廣西做業務，說實話我也算努力，和當地的商業公司老闆相處了也有半年多了，期間喝酒打牌抽菸喝茶，也算是很熟了，但是業務一直沒有進展。有一次我意外帶了另一個潮汕朋友過去，我聽他們聊了一下午潮汕話，一句沒懂，回來業務就成了。務實的工作態度、無可替代的血緣紐帶、精明的商業頭腦，這就是潮汕商人得天獨厚的商業特質。

究竟是為什麼，潮汕人這麼團結？這麼適合在商業社會生存？

無論從歷史的角度，還是地理的角度我們都能發現一些線索，例如潮汕人因為臨海，物資不像內陸發達，也不能透過農業自給自足，所以必須培養出交換的意識；例如潮汕土地貧瘠，所以同宗同族必須團結在一起才能爭取到分寸的生存之地，這就造就了他們團結的意識；例如潮汕地處偏遠，文化、語言受到外來影響少，也就較好保留了下來，這又反過來塑造了潮汕人內部的文化體系。

這個話題實在太大，但我認為最核心的因素是，潮汕人透過建立一個潮汕聯盟，透過聯盟消除不信任，透過聯盟建立特定的行動方式，透過聯盟營造一股「近我者昌、逆我者亡」的優勢力量！聯盟，就是潮汕商人力量的源泉。

3. 創造聯盟：應對聯盟最好的方法

「聯盟」最終目的，是為了喚起對方的「親人」意識。親人代表了歸屬感、融洽感、以及自我與他人界限的模糊。想要建立這種「親人」的關係，血緣關係並不是唯一的路。例如客家人，可能透過客家話就能建立初步的聯盟；例如同學、戰友，這樣特殊的經歷、獨特的經歷，有很多共同的話題、回憶，也能讓陌生人快速建立聯盟。

前文我們介紹到很多「成交」的關鍵因素：好感有影響力，因為相似感能消除不信任感產生能量；共識有影響力，因為數量大能產生能量；權威有影響力，因為信使即資訊的傳遞者能產生能量；聯盟有影響力，是因為自我與他人融合，也能產生巨大能量。

但是，拿聯盟的力量對比好感的力量，當「那個人跟我們很像」對上「那個人就是我們其中一員」時，結果不言而喻。因此，應對聯盟最好的辦法，就是創造聯盟。

這裡有兩種情況，第一種情況是我們沒有聯盟，要從零開始。

例如剛認識的兩個人，通常先思考一下，看有沒有可以建立聯盟的共同點，地區、經歷、歲數、姓氏等，甚至有沒有雙方都共識的人。一旦對上口徑，短暫但穩定的聯盟關係就暫時確定了。長久的聯盟，通常也是從零開始，時間會讓聯盟越來越緊密。從零建立聯盟時，經驗豐富的人通常會問對方兩個問題：一個是年齡，透過年齡大概就能知道對方經歷過什麼事情，小時候我爸介紹我總說我是「學運」那年出生的，這是他們那個歲數共同的認知符號；二是地區，透過地區大概就能判斷對方的生活狀況是怎麼樣，是貧窮還是小康，經歷過什麼樣的事情。當你下次見到陌生人，你就不會再排斥用「查戶口」的方式來了解對方了，這是一種拉近關係的方式，也是建立「聯盟」必經之路。

好一點的情況是，我們已經有了聯盟，例如屬於某個集體、某個團隊，最好的辦法就是加固它。加固聯盟的方式有很多，這裡介紹兩種。第一種創造共同的回憶，如我們可以定期舉行聚會，創造只屬於聯盟內成員互動的機會，如老鄉聚會、十週年同學會。不要小看這些聚會，時間對每個人都是寶貴的，願意付出個人的一段生命，以特定的方式度過，時間久了回頭看，這段回憶會顯得彌足珍貴，聯盟得到加固。第二我們可以透過特定的方式共同行動，如成立一個基金、援助某個聯盟成員、發起某項倡議。這裡關鍵在於用特定的方式，如果只是大家一起打麻將，聯盟的價值就得不到展現。

創造聯盟的目的一定是積極向上的，所做的事情是有意義的，否則聯盟毫無價值而言。

4. 強強聯合：創立屬於自己的聯盟

聯盟的出現，常常可以顛覆成交的局面，簽下不可能簽的單，打敗力量遠超於我們的競爭者。顯而易見，聯盟內，每一個人都像是自己的親人，面對親人你還挑剔什麼呢？同等條件下肯定選擇聯盟內的人選作為合作夥伴，甚至其他因素都不再重要了，選擇聯盟成員，降低不信任帶來的效率低下，大多數時候這也是理智的選擇。

那麼，聯盟這個武器又應該如何發揮作用呢？要承認的是，後天建立的聯盟，耐久度和堅韌度很難超過血緣的聯盟，但也不是說我們無法應用「聯盟」的力量。

除了「血緣」關係外，有三種方式是能有效的建立聯盟。

第一種方式，是透過共同的回憶創造一個聯盟。例如騎車環島，這個經歷不難但確實不常見，如果遇到了絕對有很多話題可以暢聊；例如都參加過五月天演唱會，音樂在很多時候比美術更能扮演好聯盟的角色。

第二，透過創造持續交換的場景，例如持續詢問對方問題，逐步開展小合作，甚至就是持續的共同吃飯、運動，也能營造出一種親密感覺，其中關鍵點在交換祕密，這就是為什麼女性朋友之間有一個特別的稱呼叫「閨蜜」，通常就是分享了某些祕密的聯盟。男性在這方面天然劣勢，男性狩獵的天性要求男人必須目標明確，塑造聯盟這麼重要的事情，卻沒有得到足夠的重視。甚至有些男人天然反對聯盟，信奉「猛獸總是獨行，牛羊才成群結隊」這樣無厘頭的話。

第三種方式是共同創作，這點有點類似於生孩子，大家懂吧，如果一個團體曾經為了一個目標一起奮鬥，並且創造出來一些東西，那這樣東西就成為了維繫聯盟的紐帶。很多企業家都會將創業公司比喻為自己的孩子，就是類似的道理。商業運用上，如**IKEA** 的產品，其實做好賣給你多不了多少成本，但給你一種自己親生的感覺，無形中拉近了 **IKEA** 品牌和你的距離。

聯盟的力量可大可小，對比起其他影響力手段，聯盟更需要提前布局、需要深思遠慮、需要機緣巧合。但同樣的，聯盟帶來的影響力是持久的、深刻的、不容易打斷的。從這個角度考慮，你應該學會如何使用聯盟，打造團結的力量。

第三部分　「成交十法」的應用

如果你有行動力，你就會成功；
如果你有創造力，你就會卓越；
如果你有影響力，你就會有成就。

第十三章　語言讓成交變得更輕鬆

1. 語言的力量：萬物之靈的不二法寶

語言是一種資訊的載體，相比其他資訊傳遞方式，如舞蹈、眼神、面色而言，語言傳遞的資訊更高效。原始人用語言，告訴同伴哪裡有食物、哪裡有猛獸。賈德．戴蒙（Jared Mason Diamond）在《第三種猩猩》（*The Third Chimpanzee*）一書中寫道：

「語言讓我們共同草擬計畫，彼此教導，學習別人的經驗，包括不同時空的經驗。有了語言，我們能將世界精確地『再現』在心中，並儲存起來，而且資訊編碼於加工的能力比其他動物更強。」

人之所以為萬物之靈，語言是關鍵。一個人能思考到的事情是有限的，人類透過語言交換思考的內容。沒有語言，人們無法累積、傳承經驗；沒有語言，人類的智慧可能止步不前；沒有語言，很難想像我們能建造 101 大樓和「有四個輪子跑得飛快的鐵盒子」。

從農耕時代到工業時代，再到當下的資訊時代，語言也越來越重要，影響力越來越大。小到跟市場小販討價還價、大到國與國之間政治協商，語言甚至變成一種權力的遊戲，叫做話語權。

俗話說：「讓人喜歡是一種魅力，讓人信服是一種能力。」

作為普通人，我們也應該重視語言的作用，有以下原因：

☑ 第一，是你說什麼樣的話，你就是什麼樣的人。人們判斷一個陌生人，資訊是相對少的，往往只能從你口中說什麼、傳遞什麼資訊，來判斷你可能是什麼樣的人。

☑ 第二，是因為語言本身的作用是為了傳遞資訊，提高溝通效率，如果沒有準確的表達你的想法，或者了解清楚對方的想法，會造成極大的資源浪費。

☑ 第三，是當下世界，注意力逐漸變成稀缺資源。人們正處在資訊爆炸的時代，如果你不擅用語言傳遞資訊、價值，則會被資訊的洪流所掩蓋。

在這一章中，我將介紹常見成交的場景，如日常溝通、演講、談判時，應該如何應用「成交十法」和「成交心理四部曲」。例如演講，你可以參考「成交十法」，在初期使用好感、聯想、恩惠的方法，讓聽眾對你產生信任；在演講最後，你可以應用承諾、短缺的方法，促使聽眾產生行為，達成演講的目的。當然，演講本身也可能是塑造權威、建立聯盟的過程，想像一下大部分的論壇，演講者不就是為了塑造專業形象，尋找支持者。

成交離不開語言，如果說商場如戰場，那語言就像是一顆顆子彈，我們常常形容，有些人說話就像子彈一樣快，但我們更希望說話像子彈一樣準！

2. 溝通的力量：拉近彼此的距離

有一款電腦遊戲，叫做虛擬人生。如果我們的人生是電腦程式虛擬的，可能我們不會有那麼多苦惱。虛擬的人生由演算法設定，每一個行為的結果是可控的，就像計算太空梭如何到達指定軌道、導彈如何擊中目標一樣，我們只需要設定參數、執行演算法，就可以到達既定的目標。可至少現階段，人類還不確定世界的本質是不是演算法。面對真實的人，我們無法預測，你和對方的每次輸出，會產生什麼樣的結果。

這時候，我們需要溝通。當我們帶著目的與人交流時，也可以使用前文介紹的方法，為了方便記憶，我將溝通與「成交十法」結合，暫且總結為「成交溝通五步」。有必要強調一下，成交是為了達成一致，所謂的「成交溝通五步」是為了幫助我們提高一點溝通的效率。如果本末倒置，想使用純粹的技巧影響、說服，甚至控制對方，既不道德，效果也不好。

◆第一步，是分析對方

一旦開始溝通，意味著兩人都將投入時間和精力，而每個人的生命都不應該被無端地浪費，分析對方，是為了理解、尊重對方。溝通出現問題，常常就是因為在前期不了解對方的情況，出現「我以為對方知道」的錯誤。我的工作要常和醫生打交道，有些醫生特別受患者喜歡，我問他祕訣，他說其實也沒什麼，就是「患者來醫院都想多聊聊自己，所以要引導他多說自己的情況，將對方看在眼裡，放在心上」。感同身受的理解患者的痛苦，才能讓患者更好地配合治療。

如果時間緊迫，沒有辦法溝通前分析對方，我們至少要更多傾聽。傾聽也是為了收集資訊，包括權力資訊，例如講話的人是誰，有多大的影響力；包括態度，例如對方的話，與自己的立場是一致還是反對等等。有個關於傾聽的笑話是這樣說的：

老爺爺覺得奶奶耳朵失聰了，於是想測試一下奶奶的聽力。回家以後，老爺爺從門口就開始喊「我回來了」，老奶奶沒有回應。然後爺爺在離奶奶十公尺、五公尺、三公尺的距離分別喊「我回來了」，可是奶奶都沒有反應。老爺爺很傷心，走到奶奶身邊，終於聽到奶奶說：「你是不是聾了，我已經回答四次了。」

無準備的溝通有以下三個建議：第一，盡量給與對方空間感，面對陌生人，每個人都會有生理、心理上自主空間，最好是保有一定的身體距離，留給對方領土權；第二，盡量將重點放在對方身上，了解對方的性格特點，透過微表情、口語、動作等外在直觀的表現，了解對方是否憤怒、是否難堪、是否興奮等等；第三，盡量避免過多用「我」開頭，要清楚世界並非圍繞著某人，溝通是一個雙人遊戲。

分析聽眾是成交溝通的基礎，我們透過分析聽眾了解到一些關鍵資訊，例如對方的聚焦點、喜歡的溝通方式、語言特點、聯盟成員等等。這樣我們才能在之後更好的應用「成交十法」。

◆第二步，要做好溝通的自我準備

一旦準備溝通，就應該不放棄不退縮，勇敢站在自己的立場上。思想的改變，只能發生在交流結束之後，你自己復盤時。在溝通過程中堅定自己的理念，讓別人保持好奇，繼而讓別人質疑自己的理念，才是本次溝通的目標。

溝通中什麼情況都可能發生，自己的心理建設要準備好，重點是情感保持平和。無論溝通過程發生什麼，都要告誡自己不要氣急敗壞。可以情緒激動，但不能失去對自己情感的掌控。這一點說起來容易，但很多人在聽到對方與自己意見不一樣時，居然會生氣「你想的怎麼和我不一樣」，繼而感覺被冒犯。即使最後結果和自己預想不一樣，也最好保持平靜的心態，等待更好的突破口或結合點。

這裡，同樣有三個建議，分別是自嘲、自謙和沉默。自嘲和自謙我們在「成交十法」好感一章中詳細介紹到，示弱的方法能讓對方產生好感。這裡重點介紹沉默。沉默也是一種無聲的溝通，特別是當差異出現時，沉默至少是一個不會錯的選擇。透過沉默你可以擁有足夠的時間思考，保持警覺，避免錯誤，探尋更深層次的原因，加強邏輯，修正想法。沉默可以讓你守住自己的祕密。

◆第三步，溝通的前期，重點在於吸引對方的注意力

對方處於走神的狀態，很難達到溝通的效果。你可以採用「聚焦」的方法，例如直接訴諸於利益，「做成這件事情對你有什麼好處」，開門見山地抓住對方的注意力。「聚焦」也可以透過拋出比較有趣的話題，激發對方的好奇心，「這件事情居然是因為……」即使沒有太多語言，我也建議你與對方握手，鄭重地看著對方，從行動上讓對方盡快進入與你構圖的場景。

另外，溝通前期為了營造親密的關係，你還可以採用「聯盟」的方法，例如聊名字、聊家鄉、聊共同經歷等，在溝通前期拉近彼此的距離。這裡值得一提的是關於餐桌溝通的話題。華人重視飲食，很多生意似乎都是在餐桌上談成的。但真相是，餐桌並不是一個很好的溝通場景，從溝通的前期你就會發現，餐桌的重點和注意力很難集中。好的策略是在餐桌上應用「聯盟」的法則，讓對方先與你有共同的話題。

◆第四步，溝通的中期，重點是形成共識的基礎

雙方意見不一致是常見的情況，溝通也很難讓某人看法一百八十度翻轉，我們只是盡量在尋找共同點，達成一致。

溝通書籍會介紹到一些基礎的原則，例如邏輯清晰、語言得體；多運用顏色、聯想、懸疑、幽默、驚嘆等技巧讓對方更加容易理解、記憶；說服的數字要精確、標準、合乎規範等等。在溝通過程中，由於觀點不同，對方的心理也會發生變化，在好感與反感之間游離，這個時候不要過度干擾對方思緒的轉化，但是要確保最後的記憶是好感。

溝通中期盡量能讓對方傾向於我們的立場，可以應用「權威」的方法，提到貴人、貴言、貴事。在溝通中，有一個方法，叫「GOLD DROPPING」，意思是無意中掉下金子。這裡關鍵要在於無意，自我標榜認識某些大人物或者用權威來壓對方，反而會起到反作用。我的經驗是，在溝通中無意中會提及自己曾在「香港大學」讀研究所，儘管與話題不一定相關，但至少可以暫時借用一下「權威」的力量。

◆**第五步，溝通的最後，重點是締結**

我們不一定寄希望於每次溝通都能成交，但最好每次溝通能締結一些觀點，離目標近一些。如果你沒有抱著某種立場、意見與人溝通，常常隨波逐流，長久來看不是聰明的選擇，時間和注意力是寶貴的，溝通雙方的人生都是彌足珍貴。

你可以使用「成交十法」中「短缺」的辦法。「短缺」能促使對方下決定。例如透過營造時間的緊迫感，讓對方產生時間稀缺的感覺；例如限制下一次溝通的機會，「我十一號要出國旅行，這件事今天不定可能就要到那之後了」。

以上內容就是「成交溝通五步」，整體而言，「管住自己的嘴，照顧好對方的心」是溝通的不二法門。下面這段話出自一位著名作家的書，你體會一下溝通的重要性：

「一個人的孤獨不是孤獨，一個人找另一個人，一句話找另一句話，才是真正的孤獨。話，一旦成為了人與人唯一溝通的東西，尋找和孤獨便伴隨一生。」

練習

溝通對象	建議的溝通方式
家人	無距離感，重視情感而非理性
朋友	近距離感，可以用比較直接的方式，直搗黃龍
長輩	換位思考，尋找長輩能理解、感受的點，盡量給出解決方案
小孩	挑釁感，不要用優越感和強勢感刺激他，將小孩當成大人對待
專業人士	依靠共識，克制住自己想要表達的主觀衝動，提出抽象的需求
不求上進	降低對方對結果的恐懼，用可能性替代目的性，營造願景
異性	保持神祕，給女性安全感，給男性自主感

3. 演講的力量：拉動共情力

《英雄本色》是根據真人真事改編的一部電影，影片的人物原型就是英國歷史上富有傳奇色彩的英雄人物威廉·華勒斯（William Wallace）。在電影中一場戰役之前，威廉對追求自由的將士們發表了一段演講：

「戰鬥，你可能會死亡；逃跑，你也許能苟且活下來。你們！願不願意用這麼多苟活的日子去換一個僅有的機會！那就是回到戰場，告訴敵人，他們也許能奪走我們的生命，但是，他們永遠奪不走我們的自由！」

即使沒有看過電影，你應該也能感受得到這段話的魅力。你想像下那個場景，一個人就憑自己的喉嚨，讓成千上百的將士因為他的這段話興奮、激動、群情激昂！這樣的力量絕對堪稱舊時代的原子彈。

當著眾人的面發表意見，面對各種難以預料的狀況，以及內心深處的不安全感，這個很多人的「惡夢」叫做演講。誠如你看到的，演講的威力很大，但這也是一件違反生理的事情：將自己暴露在大家的注視之下，對原始人來說絕對不是什麼好事情。我認識的很多厲害的人物，才思敏捷、行動靈活，偏偏就是不善於演講！

好消息是，經過無數人實踐、提煉、總結發現，演講也是可以訓練的。並且甚至不需要太多訓練，就能做好演講這件事。有些人說：內向的人演講更厲害，因為他們給聽眾的感覺更像是技術人才，人們對技術人才通常是很包容的，這就是工匠精神！至少工匠精神是對的，演講就像工匠打磨產品一樣，付出時間和精力，你能收穫對等的回報。

演講的技巧可以透過訓練習得，那是不是說「成交十法」這樣通用的技巧也可以結合演講呢？我的實踐是完全可行的。為了方便記憶，我總結為「成交演講四個關鍵」。

◆第一個關鍵，是我們要理解演講的本質

演講是一個從傳遞資訊到複製思想的過程。單單告訴聽眾資訊，他們是不會有行動改變的。一般而言，一次成功的演講會產生三種積極的效果。第一，聽眾知道了你的觀點，並且體驗到之前未曾體驗的感覺。很多新品發布會都會營造體驗瞬間。例如賈伯斯從自己口袋中拿出 **iPhone 4** 時，他說了什麼？他說這個玩意兒重新定義了手機！這就給了觀眾一種未曾體驗的感覺。第二，聽眾因為這一次演講，有了新的決定，決定可能是當場做出的，也有可能是種下了一個種子，在會後行動。第三，聽眾立刻採取了行動，他當著你的面做出一些事情，例如簽下訂單、同意加入團隊、說了聲好等。

所以，我們進行演講，最終的目標是複製思想，是透過引用一個理念，傳遞一個理念，來獲得聽眾的一個認可，一個行為改變。更深層次地講，演講是賦予產品思想、價值，賣給聽眾一個他未曾擁有的夢想。

你想要透過演講達成什麼目標呢？不妨回答的具體一點，答案越明確，你成功的可能性越大。這裡有一個關鍵：檢驗演講成功的標準是聽眾的行為。你要學會用聽眾的行為來判斷你的成果，你可以這樣評估「演講後，我希望超過五人來應聘我的團隊」、「產品介紹完，有二十位聽眾決定下訂單」。這樣量化的行為是最好檢驗你演講的標準。

這裡我們應該使用「成交十法」中的「聚焦」原則。人的注意力是有時效、會遞減的，在傳播的過程中會消耗掉資訊的豐富度，一場演講你最想讓聽眾做到的內容，往往只占你所有內容的百分之十。所以，好的演講要圍繞著焦點展開。那些背景序章，都是為焦點的善良登場而鋪墊的。無論你演講設計得多豐富、多精彩，你都應該記得，你想引導聽眾聚焦的地方在哪，你最想要聽眾做出的行動是什麼。

怎麼訓練呢？你應該時刻鍛鍊「聚焦」的能力，例如養成提煉要點的習慣，將你的想法變成一句簡單、清晰、直接的話，用最有力量的語言表述他。例如「這次機會關乎品牌成敗，我們必須在三十天內拿出三套方案」，「預算控制是這個月的核心，支出和收入必須保持一個比例才算成功」。

從市場行銷的角度看，這個焦點有時候被稱為廣告語，有時候被稱為「獨特的銷售主張」。其實表達一個意思，就是給聽眾記憶和聯想點。例如法國化妝品品牌蘭蔻，它的廣告語：「你值得擁有。」（Because you're worth it.）；另外一家知名的化妝品公司廣告詞：在工廠，我們生產的是化妝品，在商店，我們銷售的是美麗。消費者一聽到這些朗朗上口的廣告語，立刻能想到品牌的特質。這裡也是應用「成交十法」中的「聯想」原則：值得擁有的不僅僅是蘭蔻小黑瓶，還有一種高雅的生活方式。

◆第二個關鍵，演講的主角不是你，而是聽眾！

演講常出現的一個誤解是：你認為聽眾都在聽你說話，但事實上他們沒有。在告訴聽眾聽你講話的理由之前，他們是不會在乎你說什麼的。在他們對你將要說的東西感興趣之前，他們是不會抬頭看你的。

因此你需要從觀眾的角度出發，去了解觀眾究竟想要什麼，去要思考自己的演講主題和聽眾之間有什麼關係。這麼說吧，最好直接列出三條，為什麼聽眾要聽你的演講的理由。給聽眾三個合理的理由，解釋這次演講跟他有什麼相關性，他們將收穫什麼，會失去什麼。如果你來不及分析聽眾，小技巧是不要在演講中多次用到「我」這個字，聽眾關注什麼？是他們自己。如果你開口說話的時候用「你」，就是一個良好的開端，因為你討論的是聽眾喜愛的主題。

還記得「成交十法」的「恩惠」原則嗎？就像商場贈與消費者的「贈品」，從聽眾的角度出發，給與聽眾他們想要的資訊，也是一種「贈品」。我經常在演講之前，告訴聽眾所有的演講資料我都將做成電子檔案，發給大家。這對於我來說幾乎是一件零成本的事，但同樣也能起到「贈品」的效果。

◆第三個關鍵，要設計好你的演講框架

如果你想讓聽眾從A點走到B點，那聽眾一定要獲得某些資訊，才會做出改變，這些資訊就是論點，是全文的骨架，是支撐核心論點的必要部分。在設計演講框架的時候，要記住任何事情都可以歸納出一個中心論點，論點由論據支持，如此延伸狀如金字塔。

金字塔原理牢牢的撐起你的核心論點，在準備論點和論據的時候，注意以下兩點。

一是要以上統下，歸類分組。以上統下要求每一個論點要包含他的子論點，從上至下統籌。關鍵是要相互獨立、完全窮盡。相互獨立指的是各個部分相互排斥、沒有重疊，完全窮盡指的是所有部分沒有遺漏，全部列舉。例如：把人分為「男女」就是一個很好的分法。

二是要邏輯遞進，用演繹法或歸納法。演繹法指的是每一個論點之間有著邏輯推論、連繫，一般來說可以從時間、重要程度上來推導，例如解決問題的三個步驟、完成目標的三個階段、績效改進的**PDCA**循環這些都是運用時間結構演繹出來的。重要性的推導如專案的主要問題、次要問題的推導，也是演繹法的一種。歸納法可以按照空間、

組成、結構來將相同元素歸納在一起。

這樣，你就能獲得一個邏輯穩固的金字塔，來支撐你的論點了。美國前總統羅斯福有一段電臺演講很出名，那是一九三三年，美國正處於大蕭條時期，民眾非常焦急，為了緩解大家的情緒，羅斯福在電臺發表演講：

「朋友們，我想花幾分鐘時間和美國人民談談銀行的情況。只有很少部分人了解銀行運行的機制，而絕大部分人將銀行當作存錢取錢的地方。我要告訴大家，過去這幾天我們做了什麼，為什麼要做這些事，以及我們下一步的行動計畫。」

羅斯福這段開場白，既應用了分類法（懂金融和不懂金融的），又使用演繹法（做什麼，為什麼要做以及怎麼做），短短兩句話就搭建了一個穩固的金字塔。金字塔的方法在很多都適用：例如你想向你的團隊推出一套新的管理系統，如釘釘系統，那他們可能需要知道，釘釘怎麼運行的，釘釘能給他們帶來什麼好處，為了運行釘釘他們需要怎麼配合；例如你想讓孩子學習音樂，那最好讓他知道音樂的美妙、音樂能帶來什麼，以及他需要付出什麼努力。

◆第四個關鍵，是在演講中融入感情色彩

僅僅靠提供資訊，你依然很難贏得聽眾，更聰明的做法是使用「好感」原則，讓聽眾「喜歡」上你！近來的研究揭示了人類大腦深藏的祕密：決策不是由處理邏輯、事實、分析的左腦作出的，而是由處理情感、概念的右腦作出的。換句話說，我們的決策不是基於事實而是基於感覺做出的。如果你僅僅是透過提供資料、工具的方法想要說服某人，那你就是在跟錯誤的大腦對話。你所記得的那些好的演講，常常都是給聽眾創造一種「獨特的」情感體驗。好萊塢頭號風流浪子華倫．比提（Warren Beatty）說：「聽眾可能忘掉你說過些什麼，但是永遠不會忘記你的話，曾經帶給他們的感覺。」

因此除了資料、資訊以外，你還需要情感的幫助，才能同時感動人的左右大腦，引起共鳴。特別是在詮釋舒適度、時間、安全感、社會認同等議題時，情感紐帶更為重要。

一九四〇年五月，二戰還在進行中。英國首相邱吉爾發表了他的就職演講，他說：

「我沒有什麼可以奉獻，有的只是熱血、辛勞、眼淚和汗水。擺在我們面前的，是一場極為痛苦、嚴峻的考驗，在我們面前，是充滿鬥爭和苦難的漫長歲月，沒有勝利，就不能生存。」

這段開場白讓人感到壓抑，是黑色調的演講。但是結尾的時候，邱吉爾使用了完全不一樣的情感色調，這使得他的結尾更加突出、更加打動人心，他是這樣說的：

「但是，當我挑起這個膽子的時候，我是心情愉悅、充滿希望的。我深信，人們不會聽任我們民族遭受失敗。此時此刻，我覺得我有權力要求大家的支援，我要說，來吧，讓我們同心協力，一道前進。」

在結尾的時候，我強烈建議使用共情的方法，這個時候沒必要加入新的資訊，演講最後的目標，是要引起聽眾的情感共鳴。你可以使用展望未來、故事、情景描述的方法，目的是觸動聽眾的情感，創造一個難忘瞬間。有經驗的演講者總是說「無煽情不結尾」也是同樣的道理。

明確聚焦點、分析聽眾找切入點、搭建穩固的論點、煽情激起聽眾淚點，「成交演講四個關鍵」我已經全盤托出。最後，附件是我整理的「演講大綱」，供你參考。

練習

內容	答案
聽眾分析：為什麼聽眾要在乎？	
核心關鍵：一句話表達你要傳達的資訊？	
行動聚焦：演講結束的時候聽眾將決定……	
支持行動：以下理由支持聽眾做出這樣的決定	
支持情感：以下情感讓聽眾認同這樣的決定	

4. 談判的力量：你問我答的祕密

如果說溝通受理性與感性影響，演講者更多受到感性影響，那麼談判，則是理性之間的交鋒。通常談判雙方都是經過了充分的準備，對目標有清晰的認知後，才會走上談判桌。這時想用技巧改變對方立場和底線，存在難度。

談判本質上是一種原則的交集，因此不要在立場上討價還價，我們應該關注的點是對方思考方式以及可能出現的解決突破口。關於談判，我總結為「成交談判表」：

內容	關鍵
資訊收集	談判前溝通時候需要認真聆聽對方意圖，多談談自己對問題的理解。當彼此坐下來，也可以旁敲側擊的打探資訊，例如可以透過「你是怎麼知道我這個專案的」來判斷對方的資訊來源，了解背景「你們之前做過這類專案的最大額度是多少？」來試探對方的底線。
心理建設	己方的情緒建設，人和事分開，設計好談判破裂線（即我方的底線）做好談判失敗的預案。對方的情緒建設，承認並理解對方的情緒，摸清對方的談判破裂線，適時讓對方發洩情緒。
利益分析	問自己目標是想透過談判影響誰的決定？ 問自己為什麼對方願意或者不願意這樣做？ 問自己的利益是失去還是獲得、長期還是短期、影響範圍力度有多大？
尋求共識	堅持使用客觀的標準，制定客觀標準唯一共識
彌補差異	尋找最優替代方案，集思廣益，尋找對手、協力廠商共同決策人的共識，明確相同利益、融合不同利益，最後做出雙贏選擇。

談判的第一步，是要將雙方拉上談判桌，爭取談判的可能。在商業場合，如果某個決定除了影響自己以外，還關乎團隊、集體、公司的利益，那最好在接觸對方前，做好我方的利害關係及利益分析。很多時候，我們都錯以為僅靠溝通就能解決問題。如果對方是提前計劃好，設置了明確的談判底線，而我們卻不知道，就是一場不公平的競爭，但沒有裁判會告訴你。

如果情況相反，對方並沒有上談判桌的意願，需要我們訴諸於利益、價值，這時候就可以使用「成交十法」的方法，透過「短缺」激勵對方的行為；透過「權威」提高我方的議價能力；透過「社會認同」設定客觀的標準，並形成雙方的共識。你可以看到，這時候一些針對個人的「成交」方法效果就不好，「恩惠」，往往還會起到反作用；「喜好」對方並不會因為個人稍稍改變立場等。

有些「成交十法」中提及的辦法，在特定情形下也能發揮作用。例如當談判陷入僵局，雙方還就某些細節非主體的問題在爭奪，我們可以更主動地化解危機，例如透過「貼標籤」：「我們兩個都是爽快人，這件事情今天我們就定下來如何？」「你我公司都注重效率，如果今天無功而返肯定會被公司處罰。」這些方法要求我們對「成交十法」更加熟練，才能使用的更得心應手。

最後我想談的是個人的談判，最常見的情況就是當我們要跟公司提加薪時，「成交十法」雖然在理性場合很難發揮作用，但是在個人與集體之間，依然有一定作用的空間。

☑ 第一，我建議你先跟主管確認加薪標準，這個標準是客觀、公開且可評估的。例如給公司帶來什麼樣的業績，帶來多少訂單都是可量化的標準。

☑ 第二，第二稱述自身表現和貢獻，這點也與我們在「展現實力」一章中介紹的內容相關，重點是真實帶給公司的價值。

☑ 第三，與公司暢想未來的發展，你可以採用「聯盟」的方法，清晰地告訴你的老闆，有你的加入，這個聯盟會越來越壯大。

「談判」通常發生在理性人之間，但因為人的惰性，很多時候我們都很難保持持續的理性，這就給了不良動機的人空間。如果該談判時你沒有反應過來，「成交十法」是一把雙刃劍，使用不當也會傷到我們自己。因此最好的策略是重視每一次成交。

第十四章　文字讓成交變得更順利

1. 創造熱點：引起人們的注意力

嘭！又一個爆炸性新聞！我們的生活每天都這樣，注意力被媒體牽引著東張西望。值得研究的是，有些事情容易被人關注，有些事情卻無人問津。究竟哪些因素更能引起人們的注意力呢？

新聞裡面，有的類別的新聞自帶屬性，就像大家常在新聞裡面見到那種「臺灣人都不知道吃這個居然會致癌！」、「百分之九十九點九的男人戀愛裡犯過的錯誤」……這些標題自帶吸引力指數，而且就算你看過後發現是個騙局，下次碰到還是很難抵抗，就像吃飯、睡覺、呼吸一樣自然，大腦一看到這些標題就自動進入軌道。

為了成為一個文字創作者，我曾將「爆款」總結為以下五類：

◆第一類，事情是與自己有關的事情

例如學測放榜、公務員入圍名單、抽獎中選名單，儘管是些枯燥無味的東西，我相信我們都不會錯過。假如你走在街頭，遇到一個隨機採訪，後來有人告訴你「好像在電視採訪裡面看過你哦」，你也會守著電視看自己究竟會不會出現，人啊，與自己相關的事永遠事第一位的。我們痴迷於這個世界上只有一個自己，一個獨特的自己，大家多多少少都會有一些自戀。哪怕你事先大概知道新聞裡採訪的你說什麼，可是自我喜好衍生出來的自我關注，總是能在第一時間吸引你的注意力。與自己有關的事情，還包括影射的自己，例如僅僅是出現自己的名字，明明有可能是同名同姓，人們也會被捕獲目光。還有關於屬相、星座的描寫，那些模稜兩可的判斷僅僅是因為和你共用一個別稱，例如天蠍座，就會讓人心甘情願相信它們的魔力。現在很多行銷廣告也發現了這點，特別是那些與人生活息息相關的商品，例如車、家具、奶粉，網路商城都發現用普通人比用明星更能讓大眾產生共鳴。對權威、明星的崇拜投射與對自己的迷戀相比，孰重孰輕我們還不清楚，但至少選擇一個與受眾相關的資訊不會是錯誤的選擇。

◆第二類，事情與價值有關的

包括金錢衡量的價值、不動產價值、股票價值、商品價值等等，都會快速吸引人的注意力。對一個成年來說，想要在社會上生活下去就離不開這些外在的價值，所以，這個注意力吸引是源於生存的需求。但生存的需求又反過來強化了價值相關的重要性。導致人們在追逐價值事物時永無止境。沒錢想賺錢，賺了錢要買車，買了車要買房，買了房還要換大房，高價錢往往代表著高價值，所以價錢就變成生存的底線，是生活的安全感來源。便宜沒好貨就是這麼來的。但是價值真的與價錢成正比嗎？或者說同一個物品的價值對於每個人來說是一樣的嗎？高價值的物品有使用價值和附加價值，使用價值類似於成本，附加價值更多是品牌。例如星巴克的杯子成本和普通輩子成本幾乎一樣，但是商品擺放的位置和 LOGO 決定了它附加價值遠高於普通的輩子。只是這個價值並不是每個人都一樣。前段時間我去參觀廣州南越王墓，展館裡面擺放的鎮館之寶「牛角玉杯」工藝卓絕，有兩千年的歷史。對於歷史學家來說這個杯子所具有的研究價值和它假如流通到市場上的拍賣價值能相比嗎？但是，與價值相關的事情確實能引起人們的注意力。

◆第三類，很簡單，就是數字

數字單獨成為一種吸引力元素，是因為數字大小能展現價值的高低，數字本身也是一種價值的衡量體系。除了上面所提到的價錢多展現為數字，數字還可以表現大小、多寡、高低。例如很多企業對員工分級為A1～A5，級別大小背後代表著薪水、管的人員、能調動的資源等等。這個數字就是一種價值的衡量體系。又例如有些學校追求的院士數量，這裡的1可能比學校帳面上金錢代表的一千萬還要大，所以，數字與價值相關，又獨立存在，也會吸引人的注意力。

◆第四類，發揮吸引力作用的與人自身的安全感相關

這一條雖然見效作用看似不強烈，但卻十分悠久，我們嚇唬小孩子就是使用安全感來吸引他們，所以與安全感相關的事情深埋在我們心底，一旦被啟動很難再轉移。例如現在大家十分關心的食品安全問題，這就是威脅到我們人身安全的問題，老人按理來說社會經驗豐富，只要有食品安全的問題，他們轉發都是最快最頻繁的，因為安全會影響我們的生存。又例如有的時候公司強大的工作壓力，其實並不會影響直接影響我們，而

是透過降低我們安全感來影響我們，看到畢業生求職、隔壁老王被炒魷魚的事件都會加重我們對工作的壓力，這種壓力之所以會吸引我們的注意力，也是因為與安全有關。醫生是最關注安全問題的，因為他們本身就是安全的最後一道衛士，所以與醫療相關的事情也特別容易吸引他們的注意力。

◆第五類，是與性有關的

這點的作用是最強的，特別是男性而言，繁衍似乎是生物自帶的天性，所有人類行為最終都是希望這個種族、自己的血脈能繁衍下去，所以這種深處的本能驅使我們關注與性相關的事情。我不是在為男性辯解，只是客觀的說，地球上不會因為我說漏一條河流就少了多少水，同樣的在男性大腦裡與繁衍相關的通道永遠不會關閉。很多廣告透過明示暗示的手段呈現自己商品與繁衍的相關性，例如CK的內褲廣告，每次路過我眼睛都走不開；例如杜蕾斯的廣告，按理來說杜蕾斯是反繁衍的，但這個品牌偷換了繁衍和快感的概念，在大腦裡面這兩個概念是一體的，所以也能產生作用。

這五個吸引力元素，能在第一時間吸引我們的注意力，從而達到影響我們的目的。

如果策劃好如上文所示的，吸引人注意力的五點，就能引導受眾的注意力。有一句話說的好，「森林裡面一棵大樹倒下，聲響巨大」。但如果沒有人聽到，那就不存在。這五個吸引力元素見效是那麼快、那麼直接，能讓這顆大樹發出的聲響響遍森林。

2. 謎之力量：祕密要用另一個祕密去打開

超現實主義大師達利（Salvador Dalí）說過這樣一段意味深長的話：「我的影響力背後的祕密就是它一直是祕密。」

小時候，我最喜歡閱讀的書是《中國十大未解之謎》，有一陣書店也主打這種謎之力量的書。我現在完全不記得，我從這些神祕內容裡面學習到了什麼知識，但那時候這些書，就像現在的短影音平臺一樣，不停製造吸引點，是殺時間的利器。說到這個，人其實一直沒變，從這種放不下的書，到一直往下拉的網頁，再到現在不斷出現的影片，神祕的力量一次又一次征服我們。

這種追求新鮮、追逐神祕的力量，就是謎之力量。源自我們大腦深處的對安全感的渴望，如果一個古人不去探索未知，可能在第一次打雷、第一次碰到獅子的時候就掛了。所以為了確保我們自身的安全，大腦對未顯現全貌的物體有一種渴望，就是去揭祕。哪怕本身就沒有什麼祕密或什麼相關性的兩件事，大腦也會腦補他們的連接，很多陰謀論就是這樣誕生的。

神祕力量有三種常見的呈現方式，第一種是只露出全貌一個角的方式，這裡有一個潛臺詞，就是你了解到的只是冰山一角，還有更多內容是未知的。就像我們探索物理定律、探索生物機體、探索地球、探索宇宙一樣，我們大概知道全貌，但是不確認裡面的內涵是不是我們已知的事情，所以有一種動力推動我們去了解。在行銷的時候，有些運用謎的力量很簡單，例如集齊十張貼紙換一個禮品，儘管事後你發現為了這價值不高的貼紙你付出了更多，但是那種想要探索全貌的力量讓你痴迷。同時，如果這個全貌是你努力就能到達的高度，就更容易延長你對它的追逐。很多線上遊戲就是這個套路，讓玩家不可自拔。

第二種神祕力量是完全隨機的力量，當一個事情出現的順序被打亂的時候，我們也會傾向於認為這是一個全新的事物，值得我們去探索，哪怕這個事情其實是由簡單事情亂序排列而成。就像大家熟悉的樂透，我們本來可以透過數理定則發現其中的機率，對大部分人來說中獎比遭雷劈機率還小，但也不妨礙大家追逐這種神祕的力量，甚至研究沒有規律出現數字之間的規律。這種隨機的神祕力量在行銷的時候比較難掌控，如果我們想要某個人按照我們的設計前行，至少要給出一個類似第一種神祕力量的全貌，除非讓簡單事物有很強的意義，例如賭博，才能駕馭這種隨機力量。以前也有公司嘗試例如未知味道的糖果、未知內容的抽獎，大部分人只會嘗試幾次，如果沒有預期收益就會放棄。

如果用比喻來相容這兩種神祕力量，第一種就像翻越高山，你知道山的那邊還有山，所以你一直前行。第二種就像潛入大海，隨機的力量就像你不知道會出現什麼海洋生物，所以這種新鮮感只能持續一段時間。

還有第三種神祕力量，就是呈現不同事物之間隱性的連接。因為我們生活在一個線性時間軸內，本能上會相信因果，相信事情之間的固有連繫。所以這種神祕力量推動我們去探索不相關事情之間的內在連繫，例如天氣與股市的關聯、歐洲動亂與期貨市場變現的關聯，有些事情確實存在曲折委婉的連繫，有些事情卻毫無相關，但不要緊，這種神祕的力量就會讓我們去探尋背後的道理。某種意義上說，科學的進程也是因為我們想要探尋世界運行的規律，比如為什麼蘋果會掉在地上、為什麼水能流動等等。

謎就像阿拉伯婦女臉上的面紗，讓那面容若隱若現更加吸引。更重要的是，謎的力量還能運用在各個層面，例如……算了，暫且不說，下次再告訴你吧，讓你也感受一下謎之力量。

3. 爆款文字：製造一個謎團，創造一個衝突

文字能促使成交，這不是什麼祕密。關鍵是如何寫出成交誘惑大的文章？結合前文提到的熱點、謎的力量，我的方法如下：

第一步，開篇，在你的文章中提出一個問題，製造一個謎團，創造一個衝突。

為什麼要提出問題？因為人有解決問題的天性，好的問題配好的答案能改變我們的生活。你想銷售洗髮精就提出頭皮屑如何處理的問題；你想賣理財產品就提出財富如何保值的問題；你想賣車，那就問郊遊怎麼去；你想賣房，就問品質生活怎麼保障。

為什麼要製造謎團？因為人還有好奇的天性，想要找到這個世界運行的規律。為什麼巴菲特不願意投資虛擬貨幣？為什麼三星手機能在安卓陣營脫穎而出？

為什麼要創造衝突？衝突讓人警覺，衝突讓人反省。衝突能讓主題浮現，衝突還能強化思想。你可以在開篇就坦承，房價與人才怎麼平衡，高房價是不是必然導致高流失率？中美貿易戰，是保經濟還是保科技？生小孩，到底是女性付出多還是男性付出多？聽眾樂意看到你在自己的文章裡面打仗，不怪誰贏，都有好處。

第二步，引題，提出各種解決方案，並且一一排除，把答案收窄到呼之欲出的位置。

不管是問題、謎團，還是衝突，引題的作用是拉近聽眾距離，排除干擾資訊。受眾對討論的主題有自己的看法，你要先構建出盡量多的共識，表明與聽眾統一陣線，才能讓聽眾接受你的建議。

頭皮屑處理能透過勤洗頭處理嗎？能透過戴帽子掩蓋嗎？能透過飲食調理嗎？能透過手術解決嗎？這些解決方案有什麼缺點漏洞呢？

當下理財受眾有什麼選擇呢？可以買股票嗎？可以買房子嗎？可以炒比特幣嗎？這些選擇有什麼優缺點呢？

巴菲特不投資虛擬貨幣的理由是什麼呢？是他不懂高科技嗎？還是他沒有創新精神嗎？亦或是他退休後理財偏保守嗎？這些都不是理由，那什麼導致他不喜歡虛擬貨幣呢？

第三步，點題，小心翼翼地捧上你的觀點，尊重你的觀點就像你想讓別人看你的文章一樣。

你文章的核心，直接關乎人們看完後的評價，是「又是一篇標題黨，還是難得一見不得不藏的真知灼見」？你要在這一段樹立威嚴，運用各種手段證明所言非假，事實依據、資料圖表、官方評價、小道消息都可以用上，目的是要讓觀眾接受這個事實。通常經過第二段引題的鋪墊，這一段的用心很容易讓觀眾捕捉到。

文章，最核心的就是這個熾熱的論證。

最後一步完美收官，呼籲吧、抒情吧、雨後天晴吧、共同行動吧、締結承諾吧、盡情歡歌笑語吧……這一步，只有一個目的，你做，或是不做，看了由不得你選擇。

文字的成交力量更加持久，在語言之前，我強烈建議你打磨自己的文字的成交力！

4. 數字的祕密：讓你的心有那麼一點安慰

我們經常超市或者在書店，看到商品定價尾數是9，比如一本書是299元，你可能已經覺察到，為什麼不直接定價三百元，大家都更方便，畢竟沒有人會跟店家計較那一塊錢。我們接下來就來解析一下這是為什麼。

◆第一個原則是聚焦

當消費者看到一串數字的時候，通常會先注意到最左邊數字，這被稱為「左位數」效應。299元的東西會給消費者留下「不到三百元」的印象，這意味著划算，意味著依然在三百元以內的心理層次中（還記得前文所講的定向思維嗎），這個差異看似微妙卻很重要。

◆第二個原則是聯想

就拿本書來說，本書的書名關鍵字「成交」、「影響力」、「行銷」都是經久不衰的話題。這樣的「處心積慮」也給了我很大的壓力，不能寫成「標題黨」的書，希望你的聯想與閱讀後的感受是一致的。

◆第三個原則是恩惠

再次呼籲，如果你的手機正好在身邊，請掃碼關注「官方帳號」，回覆「演講」可獲得花重金整理的本書 PPT；回覆「書單」可獲得我的成交必讀書單。收下我對你的「饋贈」，儘管我已經將它的祕密毫無保留地分享給你。

◆第四個原則是好感

希望出版社和我盡最大的努力沒有白費：符合邏輯的章節排版、流暢的文字編輯、合適的字體大小。希望給你呈現的，是一本值得喜歡的書籍。

◆第五個原則是實力

「如果你不滿意這本書，我們保證全款退費！」——本來我想將這句話印在封面，這既是給讀者的選擇增加信心，也給作者在寫作時增加了「確保實力」的壓力。但遺憾的是，最終我們只能在這裡，以案例分享的形式看到這句話。

◆**第六個原則是共識**

合上書的那刻，如果「成交十法」等知識結晶能被你應用，那恭喜我們，達成了共識！

◆**第七個原則是權威**

本書的創作，自我二〇一七年去香港大學攻讀碩士開始到現在，已經持續了數年。感謝這一路走來遇到的貴人，對於我這樣一個半路出家的行銷人員，他們給予了最大的諒解和支持。

◆**第八個原則是承諾**

不知道你閱讀的時候感覺是怎麼樣，反正我寫的是意猶未盡。希望下一本作品出現的時候，你依然能與我同行！

◆第九個原則是短缺

本書不會採用「飢餓行銷」的促銷方式，但也無法承諾首版會大量印製，因此您手中的這本書將會是首版的孤品。至少讓我們珍惜透過文字認識的緣分，如果短缺真的能發揮作用，也請相信我在本書中已經全盤托出。

◆第十個原則是聯盟

成交踐行者的聯盟，期待你的加入！

後記

說到成交，好像一定跟語言和文字相關。事實上成交最關鍵的是資訊。世界上最為偉大的銷售員說，他的祕訣是真誠。他會郵寄生日明信片給所有的顧客，以此鞏固他們之間的友誼。你發現了嗎？對比起聒噪的銷售人員，潤物細無聲似的成交手法，同樣見效，有時候效果更好。

全書的最後，我想再用我自己感受的一個案例，讓你回顧本書所有的內容。

前段時間我接到了一通電話，那是來自某知名家電公司的「售後電話」，邀請我參與一個年終答謝暨新品發表會，參與者將獲得某力的年終關懷禮品。我對這樣的行銷方式，前所未聞，欣然嚮往。去之前我也保持了行銷者的警惕，問了幾個問題：

時間地點在哪裡？明晚晚餐後，一個離我家很近的酒店，並不會太浪費時間。

活動內容是什麼？回答是主要是贈品贈送，同時也會發布一些企業新品。

為什麼選擇我？因為我曾經購買該品牌的冷氣，事實上當時我對我家電器的品牌並不敏感，電話那頭確切地說他是該品牌的售後人員，不然怎麼會得到我電話？我抬頭確認了一下家裡確實是該品牌冷氣，好感度是增加的。

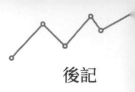

我對傳統企業轉型很有興趣，也想了解在互聯網衝擊下，傳統企業做了哪些新舉措，看來明晚要參加的就是其中一個。晚飯後，我抱著學習和貪小便宜的心態，來到了會場。

首先我要客觀描述一下當時的場景：入門就有人指引登記，贈送水，會場背景放的是某位知名新聞工作者的演講，沒看過的人正津津有味的欣賞；現場禮品擺放的到處都是，營造出一種雞尾酒晚會的感覺。這樣的場景讓我逐漸放下心防。但接下來發生的事情，讓我意識到這是一個「成交」的局！

這個活動策劃人嫻熟地應用了本書所講的「成交十法」原理，例如恩惠原則（參與回答就能贈送禮品，並且參會的每個人最後基本都收到了主辦方的「贈品」）、承諾原則（主持人再三讓聽眾聲明自己使用的某產品體驗很好，讓聽眾進入承諾的滑滑梯軌道，你知道最後會滑向什麼地方）、社會認同原則（與會人員被精準控制在一百人左右，既有壓力又能控制）、喜好原則（第一位演講嘉賓帥氣幽默，不斷使用恭維的技巧讓聽眾感覺良好）、權威原則（第二位演講嘉賓的出場方式，是幾十名員工鼓著掌，伴隨著壯闊音效緩緩步入會場的）、短缺原則（活動尾聲主持人不斷強調，現場的優惠為數不多，引起聽眾爭先恐後地搶購）。讓些熟悉又陌生的方法，讓我很容易對號入座，這一幫人打著某力的幌子，其實是一個善於使用「成交法則」的業務團夥。

人是很聰明的動物，特別是我們的大腦，大部分時間我們依靠他做出理性的決策，但是大腦也是需要休息的，這時候你的大腦會選擇使用模式反應的捷徑，如本書前文所提及的「成交心理四部曲」，節省資源，縮短反應週期，更加高效，我們離不開這套機制，但也受這套機制的約束。有心研究的人會利用大腦的漏洞，迫使我們達成不公平的協定。

當我們作為被影響的一方時，你要分辨哪一些行為是在運用影響的策略，避免自己盲目的做出選擇，繼而後悔，甚至在面對那些很明顯是在用影響策略包裝不純動機的行為的時候，我們更要拿起知識的武器，捍衛自己大腦休息的權力。而當我們作為影響別人的一方，你最好知道，雖然我們採用了所謂「成交十法」的策略，但本意並不是扭曲事實，而是更高效的讓對方接受我們的提議，提高整個組織的運作效率。

後記

關於成交的原則前人已經總結出來了，日常生活中，我們可能並不會在意太多細枝末節的事，但是為了更好的生活，我們還是有必要去了解這方面的知識。我想起有一次看一個採訪節目：

主持人是一個因為事故裝了一隻木頭義肢的人，因此他的採訪經常以犀利、挖苦見長，觀眾也很喜歡看他用這種方式戲謔受訪者。有一期節目他採訪當時一個搖滾樂隊的主唱，在那個年代，只有搖滾樂手留長頭髮，於是開場的時候，主持人說：「既然你擁有一頭長長的秀髮，你一定是一個女人吧。」搖滾樂手隨即回答：「既然你擁有一條木腿，你一定是張桌子吧。」

與別人交流，我們常常只能看到事情的部分，而並非全貌，因此我們會做出一些不正確的決策，哪怕是這樣，對方也不能因為運用了影響力的手段，威逼我們做不想做的事情。

反行銷，就從現在開始。

電子書購買
爽讀 APP

國家圖書館出版品預行編目資料

操控成交，行銷與影響力的賽局遊戲：思維聯想、互惠互利、短缺優勢、強強聯盟……從商場競爭到廣告文案，不可錯過的十大交易策略！ / 高鵬 著 . -- 第一版 . -- 臺北市：樂律文化事業有限公司 , 2024.06
面； 公分
POD 版
ISBN 978-626-98687-1-1(平裝)
1.CST: 行銷學 2.CST: 消費心理學
496 113007539

操控成交，行銷與影響力的賽局遊戲：思維聯想、互惠互利、短缺優勢、強強聯盟……從商場競爭到廣告文案，不可錯過的十大交易策略！

臉書

作　　者：高鵬
責任編輯：高惠娟
發 行 人：黃振庭
出 版 者：樂律文化事業有限公司
發 行 者：崧博出版事業有限公司
E-mail：sonbookservice@gmail.com
粉 絲 頁：https://www.facebook.com/sonbookss/
網　　址：https://sonbook.net/
地　　址：台北市中正區重慶南路一段 61 號 8 樓
8F., No.61, Sec. 1, Chongqing S. Rd., Zhongzheng Dist., Taipei City 100, Taiwan
電　　話：(02) 2370-3310　傳　　真：(02) 2388-1990
律師顧問：廣華律師事務所 張珮琦律師
定　　價：299 元
發行日期：2024 年 06 月第一版
◎本書以 POD 印製